环境信息披露的创新效应研究

张 哲 李 超 著

U0226333

RESEARCH ON THE INNOVATION EFFECT OF ENVIRONMENTAL INFORMATION DISCLOSURE

经济管理出版社
ECONOMY & MANAGEMENT PUBLISHING HOUSE

图书在版编目（CIP）数据

环境信息披露的创新效应研究/张哲，李超著. —北京：经济管理出版社，2022. 12
ISBN 978-7-5096-8894-6

Ⅰ. ①环…　Ⅱ. ①张…②李…　Ⅲ. ①环境信息—信息管理—研究　Ⅳ. ①X32

中国版本图书馆 CIP 数据核字（2022）第 249124 号

组稿编辑：张馨予
责任编辑：张馨予
责任印制：黄章平
责任校对：王淑卿

出版发行：经济管理出版社
　　　　　（北京市海淀区北蜂窝 8 号中雅大厦 A 座 11 层　100038）
网　　址：www. E-mp. com. cn
电　　话：（010）51915602
印　　刷：唐山玺诚印务有限公司
经　　销：新华书店
开　　本：720mm×1000mm/16
印　　张：11
字　　数：191 千字
版　　次：2023 年 5 月第 1 版　　2023 年 5 月第 1 次印刷
书　　号：ISBN 978-7-5096-8894-6
定　　价：88. 00 元

序　言

　　当今世界正经历百年未有之大变局，世界经济发展面临诸多不确定性因素，中国也正处于历史性跨越的"新发展阶段"，创新成为中国寻求经济增长新动力的重要来源。企业是创新的重要主体，环境信息披露是政府环境治理、规制企业行为的重要手段。在环境信息披露制度下，企业增加的环境成本不但会挤占创新投资，也会作为新增的环保投资实现新技术的创新和应用，这既是值得研究的重要问题，也是关乎企业可持续创新能力培育的重要制度设计。鉴于此，本书构建了以融合环境规制、公司治理、企业创新等为一体的系统性研究框架，揭示了环境信息披露对企业创新的影响与作用机制，在此基础上系统测度了环境信息披露对企业创新的量化影响，打开了环境信息披露影响企业创新行为机制的"黑箱"，并进一步探究了《中华人民共和国环境保护法》的修订与实施对环境信息披露创新效应的影响，为更高效地谋求绿色发展和推动经济高质量发展提供有效支撑。

　　本书首先回顾了环境规制对企业创新影响的相关理论和文献，并梳理了环境信息披露和企业创新方面的相关文献，在此基础上引出了本书的研究内容；其次，分别描述了环境信息披露和企业创新的特征事实，使用上市公司社会责任报告分析了环境信息披露情况，利用专利数据测算了上市公司的创新基尼系数、专利比率等指标；再次，从理论方面，全面、系统地探讨了环境信息披露对企业创新行为的作用机制，并采用微观企业层面数据从实证层面检验了环境信息披露对企业创新行为的影响及作用机制；最后，分别从理论和实证方面，分析了《中华人民共和国环境保护法》的修订与实施对环境信息披露创新效应的影响。

　　根据系统的理论研究和实证分析，本书获得了具有现实意义的研究结论。首先，利用上市公司微观数据对环境信息披露情况进行分析发现，环境信息已经成为社会责任报告的重要组成部分，但环境信息在披露内容、披露质量和披露意愿等方面存在显著差异；对企业创新情况的分析发现，发明专利和实用新型专利在上市公司间的差距较大，2007 年和 2016 年前后各类专利对创新基尼系数边际贡献存在较大幅度波动，重污染企业的创新基尼系数在 2015 年出现大幅度下降。其次，采用 2003~2017 年沪、深 A 股上市公司的社会责任数据和财务数据，证实了环境信息披露存在创新提升效应且具有持续性，并发现环境信息披露可以显著地改善企业的实质性创新动机。但是，研究机制发现，与开辟负面信息渠道和加强外部监督的信息机制相比，缓解代理问题和管理层短视行为的治理机制传导效果不佳。最后，本书利用 2003~2017 年沪、深 A 股重污染行业的上市公司数据，发现法律约束能够通过提高企业研发支出、优化政府补助和降低媒体负面报道等方式，限制企业的策略性创新行为，并显著促进企业进行实质性创新。

基于信息公开的环境治理模式，环境信息披露充分利用了政府干预和市场矫正的作用。政府通过一定的制度安排旨在解决环境问题的负外部性，而环境信息披露的相关制度在披露内容、披露形式等规范性要求方面存在缺失，为具有不同披露动机的企业提供了可博弈的空间。随着生态环境立法的不断完善，《中华人民共和国环境保护法》不仅通过引入环境问责机制强化了地方政府环境监管的职责与义务，而且嵌入了社会公众、媒体、环保组织等其他利益相关者，引入了公共参与机制，削弱了企业选择性披露环境信息的机会，有效地发挥了市场矫正作用。本书的系列发现揭示了环境问题具有复杂的社会属性，通过环境信息披露制度解决经济发展中的环境负外部性问题，并实现经济发展与环境保护的"双赢"，这些都离不开强制性约束、规范性要求与全民共同监督。这对于进一步完善环境信息披露制度具有重要的现实意义。

本书的创新点在于：基于非财务信息视角，关注环境信息这一非财务信息在信息资源中的特殊性，丰富了创新影响因素的相关研究，并为企业可持续发展提供了新思路；基于双重环境规制视角，特别是通过细致讨论《中华人民共和国环境保护法》修订实施后，企业、地方政府和公众对环境信息披露创新效应的影响，为规范企业环境信息披露行为提供了洞见；基于创新动机的分析，考虑到专利结构及其技术含量对企业竞争力、经济发展作用的差异，为环境信息披露的创新效应提供了新的认识。

目　录

第一章 导 论

一、选题背景

党的十八大以来，中国把推进生态文明建设和建设美丽中国作为重要的发展任务，培育并壮大高质量发展绿色增长点，将生态环境高水平保护纳入经济高质量发展目标中。"十四五"时期将继续秉持生态良好的文明发展道路，着力推进环境治理体系与治理能力的现代化，坚持和完善生态文明制度体系，促进人与自然和谐共生。环境信息披露的相关政策，特别是涉及上市公司的环境信息公开，是推动资本市场支持生态文明建设、发展绿色金融的有效工具；同时，提升上市公司的创新水平和创新质量，是新时代实现生态环境保护和经济发展"双赢"的重要保障。本书选取环境信息披露的创新效应作为研究主题顺应中国乃至世界绿色发展的重要趋势，以下四点事实为本书选题提供了方向和思路：

第一，人民日益增长的优美生态环境需要。习近平总书记在党的十九大报告中明确指出："我国社会主要矛盾已经转化为人民日益增长的美好生活需要和不平衡不充分的发展之间的矛盾"，这不仅是对于中国特色社会主义进入新时代提出的新要求，也是人民群众对物质、精神财富和生活环境的殷切期望。例如，2014 年石家庄市民因雾霾问题起诉当地环境保护局，这一事件从侧面反映出公民环境意识的增强，优美的生态环境成为人民对美好生活向往的重要内容。上海交通大学民意与舆情调查研究中心发布的 2019 年《中国城市居民环保意识调查》报告显示，超过半数的受访者对环境问题的关注度有所提升，公众对环保信息公开度、政府治污表现及中央政府治理环境问题的信心程度分别由 2017 年的 57.1%、70.3%、71.7%上升至 2019 年的 70.0%、77.3%、90.7%。① 近年来，我国政府部门及相关单位高度重视环境保护工作，不断在环保领域进行政策创新。例如，2003 年，国家环境保护总局（现为中华人民共和国生态环境部）发布《关于企业环境信息公开的公告》；2006 年和 2008 年，深圳证券交易所（以下简称"深证"）、上海证券交易所（以下简称"上证"）分别出台了有关上市公司环境信息披露的文件；2015 年，新修订的《中华人民共和国环境保护法》（以下称"新《环境保护法》"）正式实施，将重点排污企业的环境信息披露行为纳入法律规制范畴。相关法律法规的建立和完善有利于提高环境信息的透明度，并有效约束企业、政府等环境主体的环境保护行为。一方面，环境信息披露提高了企业环境信息的透明度，增加了公众直接获取环境信息的途径；另一方面，企业与政府负有直接的环保监督责任，环境信息披露是政府引导企业改善生产方式、保护生态环境的有效方式，公众诉求及法律约束促使企业、政府等环境主体履行环境保护责任以满足人民对优美生态环境的需要。

第二，上市公司履行社会环境责任的切实要求。自 20 世纪 80 年代以来，发达国家逐渐开始关注企业社会责任的履行，逐渐强调企业在环境保护、职业健康和劳动保障等方面的责任，并将社会责任与贸易联系起来。进入 21 世纪中国加入 WTO 后，国际贸易与跨国投资不断发展，中国企业也更加注重社会责任的履行，这其中包含企业在环境保护方面承担的社会责任，尤其是在公司规模、运行规范、行业影响力等方面都具有较高水平的上市公司。一方面，党的十八大以来，生态文明建设作为统筹推进"五位一体"总体布局和协调推进"四个全面"战略布局的重要内容，关系到我国可持续发展的根本大计。上市公司作为行业发展的第一梯队，应响应国家环保战略的号召，将自身环境社会责任融入国家生态文明建设中。自 2011 年起，中国环境新闻工作者协会开始对中国 A 股上市公司进行环境社会责任调查，督促上市公司切实履行环保责任。另一方面，环境、社会和公司治理（ESG）投资理念逐渐兴起，包括 ESG 信息披露、评估评级和投资指引，成为社会责任投资的重要基础，也是建立健全绿色金融体系的重要部分。2006 年，联合国首次提出 ESG 理念和评价体系，鼓励企业践行 ESG 标准追求长期价值，也帮助投资者根据 ESG 理念进行投资决策。随后，中国人民银行等七部委、

---

① 资料来源：中国日报网，https://sh.chinadaily.com.cn/a/201910/17/WS5da81811a31099ab995e6152.html。

上海证券交易所、中国证券投资基金业协会分别发布《关于构建绿色金融体系的指导意见》《关于加强上市公司社会责任承担工作的通知》以及《绿色投资指引（试行）》等，共同推进资本市场的绿色发展。投资者不断增强的可持续发展意识，逐渐将 ESG 投资作为风险管理的有效方式。根据摩根士丹利资本国际公司（MSCI）发布的数据，2020 年全球 ESG 投资的 ETF 资金流入超过 750 亿美元，约为 2019 年的 3 倍；① 社会价值投资联盟（CASVI）的数据显示，我国 2020 年前 11 个月的可持续投资资金总规模达 1172.36 亿元，较 2019 年增长 58.40%。② ESG 投资理念的兴起与普及也为资本市场带来了新的发展机遇和挑战。

第三，创新成为中国现代化经济体系建设的战略支撑，也是提高企业国际竞争力的根本途径。中华人民共和国成立初期确立了优先发展重工业的国家战略方针，使中国初步形成以重工业化为中心的发展体系，并经历了由劳动密集型产业向资本密集型产业、技术密集型产业依次演进的发展阶段。近年来，面对国际经济持续低迷、金融市场反复动荡、内生增长动力不足等挑战，叠加国际新冠肺炎疫情形势的不确定因素，我国经济高质量发展之路并不平坦。习近平总书记多次强调创新是引领发展的第一动力。2020 年 7 月 30 日召开的中共中央政治局会议明确指出："加快形成以国内大循环为主体、国内国际双循环相互促进的新发展格局，建立疫情防控和经济社会发展工作中长期协调机制，坚持结构调整的战略方向，更多依靠科技创新，完善宏观调控跨周期设计和调节，实现稳增长和防风险长期均衡。"这都亟须产业结构的优化升级和国内供给质量的提升，迫切要求建立健全以企业为主体的技术创新体系，引领经济高质量发展。科技创新和产业创新作为上市公司内在的发展动力，逐渐成为助力中国经济高质量发展的中坚力量。根据《2020 中国上市公司创新指数报告》公布的创新指数和创新效率数据，2019 年排名前 50 的上市公司投资组合的收益率分别为 43.31% 和 46.28%，远高于上证 50、深证 100、沪深 300 等指数的同期收益率。企业创新能力的提升为上市公司和投资者创造价值，提高了投资者参与资本市场的积极性，是资本市场服务于"扩大内需战略"的重要支撑。此外，上市公司通过利用资本市场的资源配置功能，可以进一步地革新技术并提升企业的核心竞争力。

---

① 摩根士丹利资本国际公司（MSCI）网站，https：//www.msci.com/www/research-paper/fund-esg-transparency-quarterly/02325891748。

② 社会价值投资联盟（CASVI）网站，https：//www.casvi.org/h-nd-1091.html#skeyword=esg&_np=0_35。

第四，努力实现生态环境保护与经济发展"双赢"的发展目标。生态环境和经济发展是我国发展的"两条底线"，脱离经济发展抓环境保护是"缘木求鱼"，离开环境保护搞经济发展是"竭泽而渔"。企业作为经济绿色转型的主体，其传统以追求利润最大化为原则的效益理论与生态文明建设相背离，如何推动企业履行生态环境治理主体责任，践行"绿水青山就是金山银山"的发展理念，成为经济高质量发展中必须解决的紧迫问题。在数字时代的背景下，信息获取能力空前增强，以大数据为依托的社会治理实践得到广泛应用。但是，涉及环境类别的信息与海量的信息资源严重不平衡，环境信息缺口已成为制约经济绿色发展的瓶颈。近年来，我国政府相继出台有关环境信息公开的政策性文件，要求企业披露相关环境信息，引导企业在关注经济效益的同时，更加关注环境效益。

通过以上分析可以看出，生态环境保护与经济发展都是中国现代经济体系的建设目标，也对企业这一经济主体提出了新要求。环境信息是企业社会环境责任的直接体现，环境信息披露能否倒逼企业创新，是能否实现环境保护与经济发展"双赢"的关键。据此，本书基于以上现实背景讨论环境信息披露对企业创新的影响，不仅关乎企业的生存与发展，也关乎资本市场生态体系的建设与经济高质量发展全局。本书也是基于环境规制理论的进一步思考。理论上，环境规制是政府解决环境负外部性的有效手段，通过促使企业重新配置生产要素使负外部性被内部吸收以实现社会效益的最大化。传统的经济理论认为，环境规制增加的环境成本会提高企业的生产成本，使企业的经济利益下降。因此，从理论上无法实现环境保护与经济发展并行不悖的发展目标。然而，Porter 和 Linde（1995）对环境规制成本主流经济观点产生质疑，并开创性地提出了"波特假说"，即严格且适合的环境规制可以促进企业创新，并能进一步通过"创新补偿"效应实现企业竞争力的提升。自此，人们逐渐摆脱新古典经济学分析范式的限制，由此设想环境规制可以促进创新吗？创新带来的"创新补偿"效应足以弥补环境成本吗？这为本书研究提供了理论背景的支撑。

二、研究意义

基于对相关现实和理论背景的梳理，本书的主要目的是研究环境信息披露能否影响以及如何影响企业的创新行为，围绕环境信息披露与企业创新行为的研究有两个非常重要的议题：一是企业环境信息披露对其创新产出的影响。强调的是环境信息披露是否可以提升企业创新水平，主要体现在企业的专利数量方面。二是环境信息披露对企业创新动机的影响。强调的是企业环境信息披露是否会影响创新动机，即进行环境信息披露的企业更倾向于实质性创新还是策略性创新，其中，实质性创新是指推动企业技术进步和获取竞争优势的创新行为，策略性创新是指为谋求其他利益而进行的创新，如旨在抵消环境负面信息以维持企业声誉和合法性地位，只求"快"与"量"、不求"质"以迎合政府、公众等利益相关者的创新策略。一方面，尽管企业通过披露环境信息，可以向外部传达良好的环境表现，获得创新所需的资金和人力支持。但是，由于环境信息披露的动机存在差异，可能在专利结构上表现出不同特征，如呈现发明专利增加的实质性创新行为或"小专利""小发明"增加的策略性创新行为。另一方面，环境信息披露制度涉及强制性与自愿性两种披露方式，以企业为主体的环境信息披露行为具有较大的自主权；然而，逐渐完善的环境保护法律体系对企业环境信息的披露行为具有约束作用。由此所涉及的公司治理、法律约束问题都可能影响企业的创新行为。

由于我国环境信息披露制度起步较晚，相关研究还处于较为初级的阶段。关于环境信息披露与企业创新的分析更多的是基于经验研究的判断，如部分研究分析了环境信息披露对企业绿色创新绩效的影响，但鲜有文献系统性地研究环境信息披露的创新效应。此外，对于创新效应具体表现在哪些方面？促进的是实质性创新还是策略性创新？通过何种途径促进的实质性创新抑或是策略性创新？如何应对策略性创新？这一系列问题还无法从相关研究中找到经验证据和研究结论。

从理论意义上来讲，本书考虑了企业的内、外部因素，较为全面地探讨了环境信息披露对企业创新行为的影响机制，并利用沪、深 A 股上市公司的社会责任数据和财务数据等进行实证检验，这不仅丰富了环境规制的相关经验研究，也丰富了企业创新影响因素的相关研究。所以，在当前推动绿色金融发展、实现经济高质量增长的背景下，本书的研究对于探寻环境信息披露是否可以实现企业创新，以及如何实现创新质量的提升具有重要的理论意义。

从实践意义上来讲，本书的研究对进一步建立并完善环境信息披露制度具有一定的指导作用，也为企业助力经济高质量发展提供新的思考。进入 21 世纪后，可持续发展成为国家发展的基本战略，中国政府逐渐要求企业加大环境信息等非财务信息的披露力度。当前，我国经济正在从高速增长阶段转向高质量发展阶段，企业、政府等环境主体面临着经济发展与环境保护的双重任务。本书利用企业层面的微观数据验证了环境信息披露对企业创新行为的影响，包括创新水平和创新动机两个层面的影响。创新是引领发展的第一动力，如果环境信息披露能够提高企业的创新水平并改善创新动机，那么环境信息披露将成为实现生态环境保护与经济发展"双赢"目标的重要制度设计，对实现经济高质量发展具有重要的现实意义。同时，本书研究结果也为政府部门进一步预判环境信息披露制度的政策效果提供参考。另外，本书研究发现法律约束可以有效地限制企业的策略性创新行为，迫使企业将更多资源用于实质性创新，这对环境信息披露制度的优化和实施提供了新的方向。总之，环境信息披露作为化解发展与环保矛盾的重要制度设计将对实现中国经济高质量发展的目标，满足人民美好生活需要的殷切期望均具有重要的现实意义。

三、研究内容、框架与方法

（一）研究内容

本书对环境信息披露的分析主要基于企业微观主体，未包括政府层面的信息公开，并着重从理论和实证两个方面回答以下三个问题：第一，环境信息披露是否可以提高企业的创新水平，如果可以，创新提升效应是如何实现的？第二，环境信息披露创新提升效应的实现具体来源于企业的实质性创新还是策略性创新，原因是什么？第三，环境立法如何影响企业的创新行为？能否进一步促进企业的实质性创新？本书研究的主要内容如下：

第一部分是相关文献梳理。主要包括以下三个方面的内容：一是关于环境规制与企业创新相关理论的综述。环境规制究竟对企业生存与发展具有怎样的影响是学术界讨论的热点问题。本书重点分析了以下两种对立的观点：①传统经济学理论认为环境规制强度的提高直接增加了企业的环保投入、污染治理支出等环境成本，从而不利于企业的创新活动甚至会导致企业退出；②"波特假说"认为环境规制强度的提高会倒逼企业创新，并通过"创新补偿"效应提高企业的竞争力。在文献梳理中，本书探讨了"波特假说"的内涵、争议以及现有文献的实证结果，并进一步区分了环境规制的种类，包括正式环境规制和非正式环境规制。二是对环境信息披露相关文献进行梳理。该部分首先梳理了环境信息披露的动机。目前，我国环境信息披露制度实行的是以"自愿性披露为主，强制性披露为辅"相结合的披露方式，环境信息披露方式与披露动机直接相关。本书借鉴合法性理论、信号传递理论、社会责任理论以及利益相关者理论对披露动机进行了较为全面的阐释。接着，本书分析了环境信息披露的经济后果，由于企业履行环境社会责任也是建立在追求经济利润、长期经营目标之上的，企业披露环境信息对企业价值等经济后果产生的影响也会影响企业的披露决策。本书主要选取了资本成本和预期自由现金流两个企业价值的影响因素，详细梳理了环境信息披露对两者的影响，并关注各方利益相关者对环境信息披露的价值效应的调节作用。进一步地，总结了环境信息披露对企业股票价格的影响及实证结果，用于检验资本市场对环境信息披露行为的反映。三是对企业创新相关文献进行梳理。该部分首先梳理了社会责任与企业创新的相关文献，并基于资源基础理论和高阶理论分别回顾了企业资源与高管特征对企业创新的影响。接着，梳理了信息披露与企业创新的相关文献，包括传统的财务类信息披露、社会责任信息披露及环境信息披露对企业创新的影响，并根据"信息中介"假说和"市场压力"假说梳理了信息中介对企业创新的相关文献。在评述部分，概括了环境信息披露这一环境规制政策研究的不足，并重点界定了环境信息披露的规制类型以及适用的理论框架。

第二部分是从公司治理角度研究环境信息披露对企业创新行为的影响。主要任务是检验环境信息披露是否具有创新提升效应以及创新动机改善效应。一是该部分讨论了环境信息披露对企业创新水平的影响。首先，环境信息披露在一定程度上缓解了公司治理中的代理问题和信息不对称问题，加上其对塑造信任关系的作用，本书提出环境信息披露能够提高企业创新水平的理论假说；其次，根据创新活动所需的投入要素，从研发资本和人力资本两方面阐述了环境信息披露可能提高企业创新水平的作用机制；最后，利用国泰安（CSMAR）数据库中的社会责任报告信息、财务数据以及专利授权数据，匹配得到2003～2017年的微观面板数据，并讨论了披露环境信息的企业在创新数量方面的表现。在披露特征和企业特征方面，本书分别考虑了企业的披露意愿、披露质量和所有制性质对企业创新水平的异质性影响，并通过固定效应模型检验了环境信息披露对企业创新水平的作用机制。二是本书讨论了环境信息披露对企业创新动机的影响。这部分关注到已有文献提到的"专利泡沫"问题，回答了环境信息披露这一制度因素是否可以促进企业的实质性创新。在理论分析部分，重点从治理机制和信息机制两个方面进行分析，前者包括缓解代理问题和约束管理层短视行为，后者包括开辟负面信息渠道和加强外部监督；在实证分析部分，选取 2003~2017 年沪、深 A 股上市公司作为研究样本，采用多期双重差分模型进行分析，主要分析了环境信息披露对发明专利和非发明专利（实用新型专利、外观设计专利）的影响，并考虑了企业污染程度、高管薪酬、所属地区对结果可能造成的异质性影响，同时，分别验证了治理机制和信息机制的作用效果。

第三部分是从法律约束角度研究了环境信息披露对企业创新行为的影响。主要是为了探寻应对企业策略性创新行为以改进创新质量的有效途径。首先，考虑到新《环境保护法》的实施将环境信息披露上升至法律层面，对企业、政府和社会公众都存在不同程度的影响，理论层面从投资效率、研发支出、政府补助以及媒体等非股权利益相关者关注等方面提出了相应的作用机制。其次，本书利用国泰安（CSMAR）数据库和中国研究数据服务平台（CNRDS）数据库中 2003~2017 年沪、深 A 股上市公司的数据，将新《环境保护法》的实施作为外生冲击，实证检验环境信息披露对重污染企业创新行为的影响，并从企业、政府和公众层面检验可能存在的作用机制。例如，分析企业投资效率与研发支出的中介作用；根据投资效率的差异划分为过度投资和投资不足两组样本，进一步分析政府补助对于不同组别创新动机的影响以及媒体负面报道的中介作用。最后，考虑行业竞争属性、高管任期、企业所有制和企业规模等特征对研究结果的异质性影响。

（二）研究框架

全书共分为七章，具体的结构安排如下：

第一章为导论。本章主要阐述了本书的研究背景和研究意义，整体上概述了本书的研究内容、研究框架与研究方法，并指出了本书的边际贡献。

第二章为环境信息披露与企业创新的相关研究综述。首先，回顾环境规制对企业创新影响的理论发展与实证研究。其次，梳理关于环境信息披露动机和经济后果的相关研究。最后，分别梳理社会责任与企业创新、信息披露与企业创新的相关研究，并进行了全面系统的评述。

第三章为环境信息披露与企业创新行为的概况描述。本章主要包括环境信息披露的制度背景与特征事实、企业创新行为的特征事实。

第四章为环境信息披露对企业创新水平的影响。本章详细讨论环境信息披露对企业创新水平的影响与作用机制，并利用沪、深 A 股上市公司的数据从微观层面实证分析环境信息披露对企业创新水平的影响，检验环境信息披露对企业创新的作用机制，以及企业特征、披露特征是否会影响环境信息披露的创新提升效应等问题。

第五章为环境信息披露与企业创新动机：实质性创新还是策略性创新？在第四章研究的基础上，本章进一步分析环境信息披露促进的是企业的实质性创新还是策略性创新，涉及环境信息披露是否具有创新动机改善效应。本章提出环境信息披露影响企业创新动机的理论机制，并选取沪、深 A 股上市公司的数据从微观层面进行分析，检验环境信息披露对企业创新动机的作用机制，并进行异质性分析，诸如行业的污染程度、企业高管薪酬等。

第六章为新《环境保护法》对重污染企业环境信息披露创新效应的影响。本章重点关注法律实施后环境信息披露是否依然可以促进企业的实质性创新以及能否改善企业的策略性创新行为。本章分别从企业、政府和公众层面提出对企业创新的作用机制，并利用沪、深 A 股重污染行业上市公司的数据进行分析，试图从企业、政府和公众视角探寻促进实质性创新抑或是应对策略性创新的有效途径，并分析可能存在的异质性影响。

第七章为结论、政策建议与研究展望。本章总结了全书的研究结论，并提出了相应的政策建议，根据本书研究的不足之处提出了后续的研究方向。

根据上述结构安排，本书的研究框架如图 1-1 所示。

（三）研究方法

从全书整体框架来讲，本书主要使用了以下四种分析方法：

第一，文献研究法。本书的研究是建立在国内外学者对环境信息披露、社会责任、创新因素等研究主题的基础上进行的学术探索，主要通过中国知网、ScienceDirect、JSTOR 等数据库归纳整理了有关文献并研读综述，从而形成充分的理论依据和有条理的分析框架，这为本书的研究奠定了良好基础。

第二，归纳总结法。在分析环境信息披露对企业创新的影响时，本书主要使用归纳总结的分析方法。其一，环境信息作为企业社会责任的重要部分，本书借鉴并归纳企业社会责任履行相关文献在企业价值、企业声誉、投资效率等方面的研究结果。其二，本书借鉴相关制度因素的研究，更多的考虑了环境信息披露制度对企业的影响，如缓解代理问题、约束管理层短视行为、开辟负面环境信息渠道等，得到了环境信息披露对企业创新动机的作用机制。

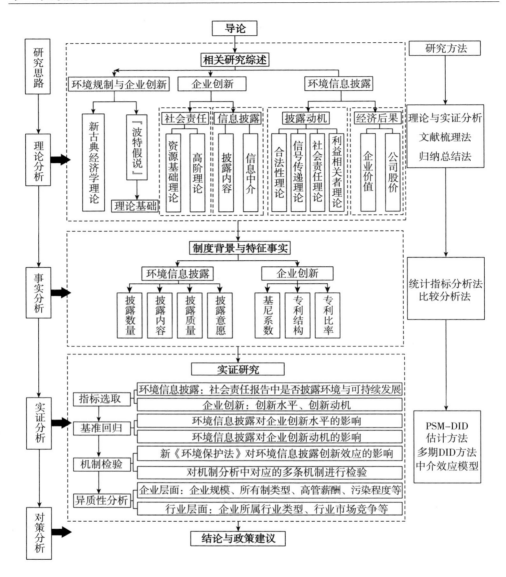

图 1-1 本书的研究框架

第三，比较分析法。在描述我国上市公司环境信息披露和创新行为的特征事实部分，以及后续部分实证回归的异质性分析中多次使用比较分析法。其一，第三章的特征事实部分，比较分析了上证、深证交易所公布社会责任报告的数量，不同行业、不同地区的企业披露环境信息的次数；比较分析了不同企业规模、不同专利类型、不同地区、不同行业的创新基尼系数以及不同企业所有制的专利比率等。其二，实证分析部分，在分析环境信息披露对企业创新水平的影响时，比较分析了企业不同披露意愿、不同披露质量和不同所有制对估计结果的影响；考察了不同污染程度、高管薪酬、不同地区的企业披露环境信息对创新动机的异质性影响；比较分析了政府补贴对不同投资效率企业创新动机的差异性影响；在分析新《环境保护法》实施后环境信息披露对实质性创新行为的影响时，比较分析了企业在行业竞争属性、高管任期、产权性质以及企业规模方面的差异对估计结果的影响。从总体上来讲，比较分析法贯穿于本书的始末，重点体现在数据分析部分。

第四，定性研究与定量研究相结合的方法。本书基于环境信息披露和企业创新等事实依据，从理论上借鉴并归纳了环境信息披露影响企业创新的作用机制，定性分析了环境信息披露对企业创新水平、创新动机的影响机制以及在法律约束下环境信息披露对创新动机的影响机制。同时，本书使用相关核算指标定量分析了沪、深A股上市公司环境信息披露、专利申请以及授权情况，并利用双重差分倾向得分匹配法（PSM-DID）、固定效应、似不相关和零膨胀负二项等估计方法定量分析了环境信息披露对企业创新的影响。定性研究与定量研究相结合的方法作为本书根本的研究方法，可以互为补充以得到更加科学的研究结论。

四、创新之处

本书通过吸收环境经济学、规制经济学、社会学及金融学等相关研究领域的理论及研究成果，试图为环境信息披露的政策效果尤其是环境政策的创新效应提供一个较为全面系统的分析框架。目前，国内外研究环境信息披露政策的文献仍然较少（尤其是相对于财务信息披露），已有研究主要集中在政策所产生的经济后果（企业价值、股票价值、企业风险等）方面。本书通过分析企业的创新行为，分别考察并评估了环境信息披露对企业创新水平和创新动机的影响，在一定程度上弥补了环境信息披露政策创新效应在理论和政策效果评估方面的空白，这是本书主要的边际贡献，具体体现在以下三个方面：

第一，本书基于非财务信息视角，深入探讨环境信息披露对企业创新的影响，这在以往研究中较为少见。创新作为引领发展的第一动力，学术界对于影响创新的因素开展了大量研究，但少有文献关注到环境信息披露等环境规制政策对企业创新的影响。虽然"波特假说"已经从理论上提出了环境规制存在提升创新水平的可能性，这为本书提供了理论依据，但现有研究多是通过借助实际污染治理投入与第二产业增加值的比值、单一污染物排放的达标率、污染治理支出，以及政府报告中环境类词频构建单一指标或综合指标度量环境规制水平并进行实证检验，而较少的考虑非财务信息披露对创新的可能影响。本书认为，在大数据信息时代背景下，环境信息对于推动企业绿色治理具有积极作用。因此，研究环境信息等非财务信息对企业创新的影响，不仅丰富了创新影响因素的相关研究，也对企业绿色发展提供有益借鉴。

第二，本书基于双重环境规制视角，特别是通过细致讨论新《环境保护法》实施后企业、地方政府和社会公众对环境信息披露创新效应的影响，为规范企业环境披露行为提供了洞见。环境问题既是重大政治问题也是重大社会问题，环境信息披露作为中国环境政策的一部分，不仅直接影响企业的环境行为，也影响着其他利益相关者的环境意识与诉求。本书认为明确地方政府的环境监督职责可以优化资源配置，从而提高企业的实质性创新水平，而且，公众参与度的提高也能改善企业的创新行为。因此，在解决环境保护的问题上，除明确以企业为主体的环保责任、鼓励企业发挥主观能动性外，还应明确地方政府的监督职责并注重媒体、环境保护组织等公共媒介的作用，这在某种程度上也丰富了环境问题的解决路径。

第三，本书基于创新动机的分析，考虑到专利结构及其技术含量对企业竞争力、经济发展作用的差异，为环境信息披露的创新效应提供了新认识。目前鲜有文献全面地研究环境信息披露对企业创新行为的影响，本书利用专利数量和专利结构衡量了企业创新的行为，并从企业的内、外部因素考察了环境信息披露对企业创新的作用路径。特别地，本书不是单纯地发现环境信息披露具有创新提升效应，而是在此基础上进一步发现实质性创新和策略性创新都是促进创新水平提高的具体表现，并将其归咎于企业的环境表现与环境信息披露动机，例如，信号传递理论认为环境表现较差的企业可能较多地披露定性信息或隐瞒负面信息，从而影响企业的创新行为。进一步地，本书考虑到新《环境保护法》要求企业如实地披露环境信息，对企业披露行为具有一定的约束作用，从而改变企业的创新动机，环境信息披露具有明显的创新动机改善效应。据此，形成了本书的研究内容，并为环境信息披露相关政策提供新的认识。此外，本书发现了有别于其他制度因素仅会导致"专利泡沫"问题这一研究结论，认为环境信息披露能够促进企业的实质性创新，并通过外部引导或施压进一步改善策略性的创新行为。

第二章　环境信息披露与企业创新的相关研究综述

　　环境信息披露不仅是政府环境规制的有效手段，也是社会公众获取企业环境信息的有效途径。探究环境信息披露的创新效应，首先，需要界定环境信息披露适用的理论框架。因此，本书运用环境规制的相关理论，但有关环境规制对企业创新的影响，经济学界并未形成统一结论，本书后续部分梳理两种截然相反的观点。其次，环境信息蕴含着企业的环境表现，通常认为，良好的环境表现是企业应当承担的社会责任。在随后的文献梳理中，也会从社会责任方面阐述环境信息披露对企业的影响，例如，企业声誉、企业价值等。此外，本章分析环境信息披露的动机并着重分析环境信息披露的经济后果，尤其是资本成本、预期自由现金流等对企业创新有重要影响的变量。最后，本章从社会责任和信息披露两个方面分别梳理与企业创新相关的文献。特别值得注意的是，目前，环境信息披露具有正式环境规制和非正式环境规制的双重特征，但从双重环境规制视角进行研究的文献比较匮乏，而且研究环境信息等非财务信息对企业创新影响的文献相对较少。

一、环境规制与企业创新的研究综述

　　考虑到环境信息披露具有环境规制的特点，本章梳理了环境规制与企业创新的相关理论与经验证据。环境规制，其本质是规制的一种。《新帕尔格雷夫经济学大辞典》中给出规制的定义为"政府为控制企业的价格、销售和生产决策而采取的各种行动，政府公开宣布这些行动是要努力制止不充分重视'社会利益'的私人决策"，则一切"损人利己"或"损人不利己"的经济活动都可能受到政府的规制。随着经济的不断发展，政府对经济主体的规制不仅局限于市场竞争等方面，而是更加注重全方面的社会福祉。植草益（1992）指出，"社会性规制"是政府为控制（负）外部性的组织活动而进行的规制，涵盖了健康卫生、安全、环境保护以及教育文化等领域。特别地，环境规制属于社会性规制，是政府为控制企业或其他经济主体环境负外部性活动的规制手段。进一步地，按照对经济主体约束方式的不同，可分为命令控制型与市场激励型的环境规制。命令控制型环境规制是指政府部门对污染者采取的具体行政措施或法律约束，具有强制性特点，一旦企业违反规范性条约或法律条款则需要承担赔偿和法律责任，如2015年新《环境保护法》要求重点排污企业披露环境信息等。市场激励型环境规制是指借助市场调节机制予以行政干预的规制手段，如排污权交易制度、碳税与补贴政策等。此外，与命令控制型和市场激励型正式规制手段不同的是非正式环境规制，即依靠外界舆论和道德压力改善企业的环境意识，是社会公众、环境组织为防止生态环境遭到破坏而提出的环保诉求。因此，环境规制不仅涉及政府对企业环境行为的制约与激励，还涉及社会公众等社会环境利益相关者对优质生态环境的诉求。

（一）"新古典经济学理论"到"波特假说"的观点演变

环境规制对企业创新的影响被学术界广泛讨论，主要从环境规制对企业成本、生产率和竞争力等方面的影响进行了讨论。新古典经济学家认为，环境规制会增加企业的"遵循成本"，即面对日趋严格的环境规制需要承担额外的环境成本，从而挤占企业的生产性投入，降低企业的竞争力。但是，如果将竞争看作是动态的而非静态的，技术的改进就可以带来成本的下降和收入的提升，环境保护与经济竞争力之间的矛盾则是错误的二分法（Porter，1991）。随后，Porter和Linde于1995年基于案例分析从微观层面提出了与新古典经济学相反的观点，他们认为适当的环境规制通过刺激企业进行环保投资，可以实现新技术的创新与应用，并通过发挥"创新补偿"效应以弥补环保成本带来的利益损失，使企业竞争力获得提升，最终实现社会收益与私人收益的双赢，即环境规制带来了环境保护和企业竞争力提升的"双赢"结果。具体地说，适当的环境规制至少可以实现以下六个目的：①可以预示企业存在资源的低效使用和技术改进方向；②关于信息收集方面的规制措施可通过提高企业环保意识带来明显的环境改善；③环境规制可以减少企业对环境有益投资的风险；④环境规制对企业的外在压力可以通过克服组织惰性、培养创造性思维及缓解代理问题等途径促进企业创新；⑤使竞争环境变得更加公平，限制了企业通过回避环境投资获得市场优势的机会主义行为；⑥在短期环境政策带来的创新补偿不能弥补规制引致的全部成本时，更需要环境规制改善环境质量。但是，基于案例分析得到的研究结论很快引起了其他学者的质疑，主要体现在以下三个方面：

第一，新技术收益和环境成本孰高孰低？Palmer 等（1995）对 Porter 和 Linde 所提到的公司副总裁或董事进行了询问，认为尽管监管成本比预期要低，但仍对公司造成很大的净成本，并否认了创新补偿的普遍适用性，即减少和控制污染的支出可能远大于创新抵消成本的部分。

第二，环境规制是免费的吗？即使环境规制可以实现创新补偿，即环境规制不仅可以减少污染，还可通过提高产品质量、降低产品成本、提高生产效率、改善生产流程等途径节省资金并用于弥补企业预防和治理污染的费用（Porter and Linde，1995）。但企业可将以上用于污染防治的资金用于改变劳动力的规模和技能组合、资本基础、融资的来源和期限结构以及研发策略等，从而带来可能不低于 20% 的投资回报，所以，企业仍要承担放弃以上投资而带来的机会成本（Palmer et al.，1995）。

第三，企业普遍存在被忽视的潜在获利机会吗？值得怀疑的是监管者比企业管理者了解更好的生产方法，或是不断提高的规制水平可以使企业不断发现新的有利可图的技术（Jaffe，1995）。后来，其他支持"双赢"的经济学家也不再拘泥于案例的分析，为"波特假说"提供了其他理论证据。长期看来，与减少污染的投资支出相比，创新带来的边际成本下降对企业的补偿更大，而且规制水平加强可能使国内企业占据创新的先发优势，导致利润从国外向国内流动（Simpson and Bradford，1996）。

此外，Ambec 和 Barla（2002）认为 Palmer 等的研究缺乏严密的基础，即环境规制带来的创新不一定表现为企业利润的提高，他们认为降低企业内部管理者私有信息所产生的创新组织成本也是创新补偿规制成本的表现。尽管"波特假说"在很多方面受到质疑，但不可否认的是，其提供了有关环境规制与企业创新的新见解。自此，学术界对于"波特假说"进行了激烈的讨论与检验。

（二）"弱波特假说"与"强波特假说"

为了详细梳理有关"波特假说"的实证检验结论，本书按照"弱波特假说"和"强波特假说"进行讨论。前者侧重于环境规制对于创新的影响，后者则在前者的基础上主要探讨了环境规制能否发挥"创新补偿效应"，进而提升企业竞争力。具体地说，"弱波特假说"是指严格且设计合理的环境规制可以引发企业创新，但无法判断创新对于企业竞争力的影响。关于"弱波特假说"，国内学者从排污量、污染治理投入、污染物排放达标率等方面考察了其对企业专利申请、R&D 研发支出的影响，研究结论大致分为以下两类：

第一，线性关系。环境规制具有时期效应和强度效应，即随着环境规制政策的实施与落实，对技术创新的影响力会增强，并与政策强度正相关，支持了环境规制可以促进企业技术创新的研究结论（黄平、胡日东，2010）。进一步地，部分学者丰富了企业技术创新的维度。环境规制对企业研发创新的扩展与集约边际均存在显著的正向作用，不仅体现在研发投入倾向的增加，而且还促进了企业的产品创新和流程创新（蒋为，2015）。

第二，非线性关系。张成等（2011）认为，环境规制强度和企业生产技术进步可以呈现"U"形关系，合理的环境规制政策为实现经济与环境的"双赢"发展提供技术支持。蒋伏心等（2013）将排污量作为环境规制的代理变量，发现环境规制对技术创新存在直接影响，并且随着环境规制强度的不断增强，污染治理成本挤占研发资金的"抵消效应"逐渐减弱，"补偿效应"逐渐增强，环境规制与企业创新之间呈现出先下降后上升的"U"形特征。但是，将排污量作为环境规制的代理指标存在一定缺陷，"排污量越高，环境规制越严格"的假设前提与现实情况的契合度有待商榷。同时，只考虑某一地区某类行业的研究结论也存在局限性（李百兴、王博，2019）。进而，他们利用新《环境保护法》作为外生冲击，发现新环保法可以增加企业的技术创新投入，但结果并不显著。杨烨和谢建国（2019）分别用工业 SO_2 排放达标率和征收排污费作为环境规制的代理指标，提出环境规制可以通过技术创新倒逼企业实现技术减排，而且命令控制型和市场激励型环境规制与碳排放之间分别表现出"倒 U"形和"U"形关系。据此，现有关于"弱波特假说"验证的文献结论，可能随变量选取、样本选取、自然实验等外生冲击选取的不同而发生改变，但基本肯定了"弱波特假说"是成立的。

在"弱波特假说"的基础上，考察了"强波特假说"的存在性问题，即环境规制不仅可以激发企业的创新行为，还可以进一步提升企业的竞争力。黄德春和刘志彪（2006）基于 Robert 的环境规制模型，认为环境规制可以提高生产率、减少污染。同时，他们提出了政府进行环境规制的必要性：其一，仅依赖于最佳的清洁技术会导致更多的产出和更多的污染；其二，如果缺少政府的政策保护，则跟随企业可以通过后发优势减少先行所需的成本。杜龙政等（2019）认为，环境规制对绿色竞争力的影响主要基于创新下降和价值提升的双重影响，前者即为环境规制对创新资源的侵占，后者即为创新驱动促进企业价值的提升，包括成本节约、性能提升以及心理价值提高，进一步利用污染源治理投资作为环境规制的代理变量，认为环境规制与工业企业绿色竞争力之间存在"U"形关系。然而，部分学者并不认同，他们认为环境规制可以提高企业竞争力的结论不具有普适性。例如，企业的生产成本、产品的差异以及企业对于环境规制的态度等因素都会影响环境规制对于企业竞争力的作用效果（许士春，2007）。李卫红和白杨（2018）根据企业内部和外部因素构建的双寡头博弈模型认为，环境规制是否可以实现"创新补偿"效应主要与企业的创新动机、行为和绩效有关。

（三）环境规制的类型与企业创新

从环境规制的类型来看，张嫚（2005）将环境规制分为正式环境规制和非正式环境规制。其中，正式环境规制具有强制性要求，基于环境规制对行为主体的约束方式又划分为命令控制型环境规制（法律法规、行政手段等）和市场激励型环境规制（环保税、可再生能源发电补贴、环境权交易制度等）。熊航等（2020）发现，命令控制型和市场激励型的环境规制政策对工业企业的技术创新存在不同程度的促进作用，具有不同的时序特征和结构特征。具体而言，命令控制型的环境规制政策在 2016 年新一轮"环保风暴"后对企业创新行为表现出显著的促进作用，而市场激励型环境规制的创新效应则呈现出逐年递减的趋势；碳交易市场这一市场激励型环境规制主要促进的是企业技术引进，而其他规制政策可以促进企业的自主创新能力。与正式环境规制不同的是，非正式环境规制是由社会公众或团体推动的，主要来自于社会公众的环保诉求和非政府组织对环境信息的透明度要求。例如，沈宏亮和金达（2020）从微观层面分析了非正式环境规制与企业研发的关系，认为两者存在非线性关系，并且无论是对于企业的研发投入还是研发成果均存在单一门槛值。此外，张华和冯烽（2020）以环境信息公开作为切入点，发现信息的公开可以通过规模效应、结构效应和技术效应降低城市的碳排放水平，其中，技术效应指的是环境信息公开使企业进行技术改造降低能耗和污染处理成本等。

二、环境信息披露的动机与经济后果

上文从规制角度梳理了有关环境规制对企业创新影响的相关文献，本章将环境信息披露纳入环境规制的研究范畴。特别地，在资本市场中，环境信息披露不仅与股东等利益相关者相关，还因其作为社会问题会受到非股权利益相关者的关注，尤其会受到政府的规制。因此，环境信息披露问题会涉及政府、股东、公众等多方利益。首先需要回答的问题是，由于环境信息披露会增加企业的环境成本，企业为什么要披露环境信息？企业披露环境信息的动机是什么？只有全面理解企业的披露动机，才能进一步判断其对企业经济活动产生的影响。接下来，本章将从动机和经济后果两个角度进行梳理。

（一）环境信息披露的概念

环境信息披露，又称环境信息公开，是信息披露的新兴问题，特别是披露包含非财务信息在内的环境信息数据。由于企业的生产活动对环境质量存在潜在危害，企业利润不能作为衡量企业社会绩效的唯一指标，理应关注企业在环境控制方面的社会绩效，并确定单个企业所产生的外部性成本和收益的贡献净额，以实现社会资源的最优配置（Ramanathan，1976）。环境信息披露作为一种全新的环境管理手段，不仅可以体现企业的社会环境责任，还能反映环境规制水平。关于非财务信息的研究最早可追溯至 Ullmann（1976）的企业环境会计系统，具体包括材料和能源的消耗、固体废物量、空气污染物和废水的排放，这为企业管理层和政府提供了评估企业日常经营活动对外部环境影响的方法，其目的是更好地评估企业的行为，同时，Ullmann 认为激励和信息公开是改善企业行为的有效途径。后来，环境信息披露的内容不断丰富，包括环境成本、环境诉讼、环境负债、环境投资、环境治理、环境绩效、环境监管与认证多方面的内容（Wiseman，1982；毕茜等，2012；王霞等，2013；Xiang et al.，2020）。

(二) 环境信息披露的动机

根据企业进行环境信息披露的不同目的，环境信息披露动机的理论依据可总结为以下四种：合法性理论、信号传递理论、社会责任理论、利益相关者理论。

1. 合法性理论

在 20 世纪 80 年代初期，合法性理论为环境信息披露提供了合理的解释，即企业的生产经营行为必须在社会认可的行为范围内。Dowling 和 Pfeffer（1975）定义了合法性的概念："合法性是组织的价值体系与其所属的社会系统的价值体系相对一致时存在的一种状态"，当两个价值体系之间存在实际或潜在的差距时，组织的合法性就会受到威胁。随着社会对经济与环境问题观念、期望和价值观的转变，这种符合社会认知合法性的重要性逐渐凸显，越来越多的学者开始关注企业的环境信息披露行为。Deegan 等（2000）对澳大利亚企业的五个案例进行分析，发现当发生与大企业或整体行业相关的公共事件时，企业倾向于改变自身的披露策略，企业披露行为主要是基于对事件本身性质而不是对社会影响的考虑。企业管理层认为每年向社会进行披露可以有效地降低企业形象危机事件对公司造成的负面影响，强调企业自愿进行披露的战略性质。随后，Campbell（2003）扩展研究维度，利用行业的环境敏感性衡量企业对环境问题的脆弱性，发现环境敏感度较高的企业在报告中披露的环境信息多于环境不敏感的企业；同时，因行业特征更容易受到环境批评的企业相比其他企业其环境披露程度更高，这是因为企业通过自愿披露信息可转移或消除来自外部的怀疑或批评。此外，同一行业内企业环境信息披露的水平和方向（增加、减少或不改变）基本一致。李大元等（2016）利用 2008~2012 年中国参与 CDP 项目的企业作为研究对象，发现组织合法性的压力可以提高企业碳披露水平。此外，Mobus（2005）将企业的披露方式分为强制性披露和自愿性披露，以 1992~1994 年美国炼油业作为研究对象，发现强制披露环境制裁的企业后续违规次数下降，表现出管理人员的遵从性以达到组织合法性的目的；然而，自愿披露的环境绩效与实际情况存在偏差，自愿披露的目的是为了获得组织合法性而进行的印象管理。

但是，合法性理论基于一个隐含的假设前提，即管理者的动机是为了企业的生存和利益，进行信息披露可以获得、维护组织合法性以实现预期的好处（Deegan，2019）。Deegan（2002）指出，合法性理论的成立存在以下四个难题：①合法性披露是否可以改变社会对企业的看法；②哪些特定类型的披露和媒体可以有效支持组织合法性；③哪些利益相关者群体最有可能受到合法性披露的影响；④管理者如何确定合法性威胁的存在或程度。其中，本书重点关心的是第一个问题，其内在逻辑为只有当信息披露可以改变社会对企业的某些看法时，管理者的披露行为才是有效的。例如，Milne 和 Patten（2002）发现，企业披露的信息可以改变投资者的决策行为。Díez-Martín 等（2013）认为，组织合法性可以改善资源获取的机会，并将组织合法性分为道德合法性和认知合法性，发现道德合法性更有助于可持续的资源获取。虽然 Unerman 和 Chapman（2014）、Deegan（2019）认为，2002 年以后合法性理论在许多方面发展缓慢，但由于该理论较为简单且被广泛使用，仍为企业社会和环境报告的战略性披露提供了重要的理论解释。大量研究基于合法性理论，表明管理者披露环境信息是为了获得社会认可从而实现企业的生存与发展，而不是单纯地陈述企业实际的经济活动对环境所造成的影响。因此，合法性理论是解释企业环境信息披露动机的重要理论基础。

2. 信号传递理论

Spence（1973）首次提出信号传递理论，通过信号传递模型分析了劳动力市场中雇主与雇员的信息不对称问题，其中，一个关键的假设为信号成本与生产能力有关，并以此有效区分了应聘者的特征，发现教育水平被作为应聘者所传递的信号会影响雇主给出的工资水平。虽然信号传递理论最初是为了阐明劳动力市场中的信息不对称问题，但大量文献用该理论解释了企业社会责任信息披露的动机，与本书研究主题密切相关的是：①环境绩效与环境信息披露的相关性，主要集中探讨了自愿性的信息披露。由于信息披露的目的是通过向企业外部利益相关者传递信号影响他们对企业的认识，这类研究主要解答了企业环境绩效对环境信息披露动机的影响。②信号传递的有效性和好处。这类研究认为有效的信号传递需要满足一定的条件，并进一步探讨了对企业的好处，尤其是声誉方面的影响。

环境信息披露作为企业传递信息的手段，在目的上略有差别，现有文献按照环境绩效的好坏得到了两个不同的看法：①环境绩效好的企业，通过传递"好消息"解决信息不对称问题，提高外界对企业的认可度（Verrecchia，1983；Wagenhofer，1990；Al-Tuwaijri et al.，2004）。②环境绩效差的企业策略性地披露环境信息，改变外界对企业的印象，被认为是企业的"漂绿"行为（Cormier and Magnan，1999；Patten，2002）。虽然环境信息可以起到传递信号的作用，但企业具体的披露内容仍有所不同。例如，环境信息可以分为定性信息和定量信息，环境绩效较好的企业更愿意披露定量的环境信息（Clarkson et al.，2008）。一般来说，与定性的环境信息相比，定量的环境信息可以提供更客观的信息，传递更加真实准确的环境信号。特别地，中国环境信息披露制度起步较晚，对于披露内容并未进行统一规范，需要认真识别企业传递的环境信号。吴红军（2014）利用2006~2008 年化工行业上市公司的数据，发现环境绩效好的企业披露内容更加具体且可验证性强，而环境绩效较差的企业披露环境信息主要是基于印象管理的考虑。冯丽艳等（2016）基于信号传递理论认为企业社会责任信息披露也符合这一特点，无论社会绩效的好坏，企业都会积极的进行信息披露，但绩效好的企业通过采用适应性战略以获得更多利益相关者的支持，从而提高企业的竞争地位，而绩效差的企业则是为了减少市场的消极反应。

另一组文献是信号传递的有效性和好处的相关研究。利益相关者信号接收的情况、信息披露所产生的利益可观测、信号难以模仿等因素都会影响信号传递的有效性（Janney and Folta, 2006; Magness, 2009）。乔引花和张淑惠（2009）肯定了环境信息具有成本且难以模仿，并从信号接收的角度分析了投资者估值对环境信息披露的影响，认为利益相关者对环境信息的反应也与社会环保意识、环境监管程度密切相关。在信号传递有效的基础上，讨论企业能够从中获得好处才有意义。例如，部分学者探讨了环境信息披露对企业声誉的影响，发现环境信息披露对环境声誉创造具有重要作用（Toms, 2002）。而且，环境声誉可以提高股票市场对企业未来收益的预测能力，并反映到公司股票的回报中（Hussainey and Salama, 2010）。

3. 社会责任理论

企业社会责任理论源于 Bowen（1953）提出的"商人的社会责任"，即商人的伦理和价值观蕴藏着对社会责任的关注，企业不仅对股东负责，还应履行相应的社会责任。对此，学术界试图对企业社会责任进行定义。Carroll（1979）认为，社会责任要充分体现企业对社会的全部义务，并给出企业社会责任的定义："企业社会责任包括经济责任、法律责任、道德责任和慈善责任，即社会在给定时点对组织的期望"，这也决定了企业的社会责任不是固定不变的，是随社会期望的改变而不断变化的。随着环境问题在经济发展过程中逐渐显现，人们的环保意识不断增强，环境维度被明确纳入企业社会责任的概念。例如，Dahlsrud（2008）通过文献回顾收集了 37 个企业社会责任的定义后确定了五个维度，即环境责任、社会责任、经济责任、利益相关者责任和慈善责任；Moon 和 Shen（2010）对中国的研究也发现环境责任是企业社会责任的重要领域。

企业社会责任理论和古典经济学理论最本质的不同在于"经济人"的假设前提，"经济人"的一切行为以私人部门利益最大化为目的。然而，基于"生态社会经济人"责任目标的现代企业社会责任，则由追求利益最大化向追求福利最大化改变（高红贵，2010）。但是，由于环境问题的外部性，如何实现"经济人"向"生态社会经济人"的转变成为企业履行社会责任的关键，例如，现实中企业可能有选择地披露环境信息使社会责任具有"掩饰效应"（田利辉、王可第，2017）。因此，部分文献将环境信息披露纳入社会责任范畴进行分析的同时，考察了政府监管的作用。正如钱雪松和彭颖（2018）所指出的，企业是否进行环境信息披露不仅可以反映企业是否具有社会责任意识，也是政府监督企业环境活动的手段，并指出企业会积极履行社会责任监督制度，进行环境信息披露以树立良好形象。一方面，企业为了规避政治成本、维护企业声誉和承担社会责任，倾向于进行环境信息披露（王霞等，2013），从而提高投资者对企业的预期，增强公众对企业的信心和认同感，企业可以以较低的成本获得权益资本（佟孟华等，2020）。另一方面，企业通过社会责任的履行可以获得稀缺的资源。例如，企业完成政府期望的社会责任后可以在稀缺资源分配方面获得好处（林润辉等，2015）。

　　4. 利益相关者理论

　　利益相关者理论是在股东利益至上的基础上提出的，即除关注股东的财富积累外，还需要考虑协调其他利益相关者的需求，企业被视为与多方利益相关者关联的统一集合（Freeman，1984）。Freeman 等（2007）根据主体的特征进行了以下三方面的分类：①所有权利益相关者，包括经理、董事和股东；②经济依赖利益相关者，包括经理、员工、消费者、供应商、债权人、竞争者、社区和管理机构；③社会利益相关者，包括政府管理者、特殊群体和媒体。但其局限性在于只考虑了经济利益层面的因素，而忽略了生态环境方面的因素。在这方面，Huang 和 Kung（2010）将环境保护组织和会计事务所作为企业的中间利益相关者，认为它们可以影响企业管理者披露环境信息的决策行为。在此基础上，卢秋声和干胜道（2015）实证分析了外部利益相关者（政府、债权人、供应商、消费者和竞争者）、内部利益相关者（股东、员工）和中间利益相关者（环保组织和会计师事务所）对企业环境信息披露的影响，同样得到了上述结论；此外，明确了不同类别的利益相关者对环境信息披露的作用渠道，外部、内部和中间利益相关者分别通过影响管理层意图、施加额外压力和影响管理决策的方式影响环境信息披露的水平。

企业考虑利益相关者因素进行的环境信息披露被视作回应利益相关者需求的一种方式，否则可能会面临资金短缺、舆论压力、法律诉讼等环境成本（孟晓华、张曾，2013）。当企业存在不负责任的行为时，不仅会损害企业的形象和声誉，也会受到股价、业绩暴跌等经济惩罚，致使环境敏感型企业和国有企业更加注重环境保护问题的披露（Kuo et al.，2012）。此外，Lu 和 Abeysekera（2015）在 Hasseldine 等（2005）环境信息披露混合指标的基础上引入披露质量维度，更为全面地反映了企业的环境信息披露行为，认为利益相关者对不同披露质量等级有不同的认知，对不同披露项目的重视程度不尽相同。而且，不同利益相关者对企业环境信息披露的作用也存在差异。孔慧阁和唐伟（2016）特别肯定政府、消费者、投资者对企业环境行为的作用，但否认多方利益相关者对国有企业履行环境责任的积极作用。

（三）环境信息披露的经济后果

学术界对环境信息披露的经济后果已经进行了深入研究，按照披露行为的影响对象可以将其分为宏观层面和微观层面。其中，宏观层面的研究主要涉及政府的信息公开行为对环境治理、经济高质量发展的影响以及企业的披露行为对外资结构的影响等（乔美华，2020；杨煜等，2020；史贝贝等，2019）。微观层面的研究集中分析了环境信息披露行为对企业价值、企业风险、融资成本、财务绩效、研发效率、出口决策、规模与国内附加值率等方面的影响（张淑惠等，2011；刘尚林、刘琳，2011；Chang et al.，2021；高宏霞等，2018；常凯，2015；徐辉等，2020；卢娟等，2020；杨烨、谢建国，2020）。本部分重点梳理了有关企业价值的相关文献，原因有以下两点：一是企业价值最大化权衡了各方利益相关者的利益，弥补了股东财富最大化过于强调股东利益这一缺点，更加符合现代企业的经营目标；二是企业价值涵盖了企业有形资产和无形资产的全部价值，环境信息的披露成本和收益可以影响企业的财务指标，从而影响生产设备、存货等有形资产，而且环境信息披露还可能影响企业声誉、商誉等无形资产。据此，本章具体梳理了以下问题的现有研究：环境信息披露是否可以影响企业价值？如果影响，具体体现在哪几个方面？市场对环境信息披露的反应如何？

1. 环境信息披露对企业价值的影响

学术界对此形成了截然相反的研究结论，即环境信息披露对企业价值的作用分为"促进"观和"抑制"观。由于企业价值是用加权平均资本成本对未来各期的预期企业自由现金流量进行折现加总得到，环境信息披露可能通过加权平均资本成本和预期企业自由现金流量两个渠道影响企业价值。据此，本章从资本成本和预期自由现金流量两个方面进行梳理。

第一个分支是环境信息披露对资本成本的相关研究。流行的观点认为，环境信息披露可以降低企业的资本成本，并利用信号传递理论进行了解释。企业权益资本成本的根源在于信息不对称（佟孟华等，2020），具体表现为投资者之间和管理者与投资者之间的信息不对称。主要体现在以下两个方面：一是信息的披露可以为投资者提供获取企业信息的途径，尤其是弱化了机构投资者在信息获取方面的优势，降低投资者之间的信息不对称和个人投资者信息搜寻成本等交易成本，提高了股票的流动性，从而降低权益资本成本。二是环境信息作为企业的私有信息，信息披露行为可以降低管理者与投资者之间的信息不对称，降低投资者的投资风险，进而降低期望的投资回报率，从而降低权益资本成本（Dhaliwal et al.，2011）。企业资本成本的另一来源是债务资本成本，环境信息披露也可以降低企业与银行等债权人的信息不对称，环境信息的披露可向利益相关者（如债权人）释放"绿色"信号，降低债权人和信用评级机构等对企业的风险评估，可以缓解债权人的逆向选择与道德风险，进而会降低债权人的要求回报率，即降低了企业的债务资本成本（Goss and Roberts，2011；姚蕾、王延彦，2016）。

然而，Richardson 和 Welker（2001）基于 1990~1992 年加拿大 124 家企业的面板数据进行了实证分析，他们首次提出信息披露与资本成本之间存在显著的正相关关系。部分学者关注到这一相悖的实证结果，并给出了以下三个解释（毛洪涛、张正勇，2009；孟晓俊等，2010）：①管理者存在选择性地披露行为，既有可能夸大正面信息，也有可能隐瞒负面信息。例如，企业出于炒作动机而夸大正面信息的披露行为会增加股价崩盘的风险（赵璨等，2020）；管理者与外部投资者之间的代理问题和信息不对称，管理者在面临财务压力时倾向于有选择地披露环境信息，这增加了企业的债务融资成本（Ji et al.，2020）。②企业环境信息披露行为存在成本，有限理性投资者的短视行为忽视了企业社会责任履行带来的长远利益。③环境信息披露与资本成本不是简单的单向关系，仅考虑前者对后者的影响可能存在"样本自选择"问题。对此，部分学者进一步考虑了环境信息披露质量、行业的环境敏感性、实证研究的规范性等问题。例如，Marshall 等（2009）同时考虑到企业类型和披露选择的因素，认为环境信息披露质量与资本成本呈负相关，但企业价值的增值效应主要存在于非环境敏感型的企业中。佟孟华等（2020）对中国478家高污染上市公司进行实证分析，发现环境信息披露质量的提高可以提升企业的信息透明度和社会责任，从而显著降低了企业的权益资本成本。此外，环境信息披露与资本成本可能存在的双向因果关系也是导致实证结果有偏的原因。倪娟和孔令文（2016）利用倾向得分匹配法控制了可能存在的内生性问题，他们发现重污染企业披露环境信息的行为确实可以降低企业与银行之间的信息不对称，企业可以获得更多的银行贷款并降低债务融资成本。但也有少数学者在考虑了披露质量后发现，环境信息披露不能显著降低企业的资本成本，环境信息披露带来的企业价值提升主要来自于产品市场，表现为企业预期现金流量的增加（张淑惠等，2011）。

第二个分支是环境信息披露对预期自由现金流量的相关研究，可以分为三种效应：

（1）社会责任效应，即环境信息属于社会责任信息，资本市场根据企业的社会责任行为和披露的信息做出反应，从而影响企业的现金流量和投资者评估现金流量的折现率（Richardson et al.，1999）。然而，投资者根据企业披露的社会责任信息来预测未来收益和现金流量的前提条件是，投资者重视与企业社会责任活动相关的社会效益（Martin and Moser，2016）。只有这样，企业社会责任的履行才能起到塑造良好品牌形象、增加企业无形资产的作用，从而提高企业预期自由现金流量（周兵等，2016）。此外，政府在鼓励企业积极主动地履行社会责任方面具有重要作用。姜英兵和崔广慧（2019）根据组织合法性理论与信号传递理论，认为企业环境责任的履行向外部传递其组织合法性信号，由此可以获得政府的资金支持等隐性担保，从而改善投资者对企业未来现金流的风险预期。

（2）预期监管成本效应，即由于未来环境监管的力度加强而增加的企业环境成本。企业是否披露环境信息的决策考虑了未来违反监管的机会成本，并向外界释放未来环境监管变化的信号。由此，引起利益相关者对环境信息的重视，尤其是提高对于未履行环境责任企业的风险意识。除此之外，环境信息的披露还可以减少政府的监管和由此产生的合规成本、潜在诉讼和污染补救成本（Plumlee et al.，2015），从而影响企业的预期自由现金流量。

（3）产品市场效应，即环境信息披露影响了消费者对产品的需求，从而影响企业的预期现金流量，这既来自于企业面临的市场竞争压力，也来自于消费者对产品偏好的改变。一方面，企业管理层根据产品市场的竞争压力做出不同决策。当企业面临较大的压力时，管理层可能通过降低环境成本获得"成本竞争优势", 也可能积极履行环境责任并披露相关信息, 满足消费者的"绿色"需求, 从而获得"绿色竞争优势"(李强、李恬, 2017; 周志方等, 2019), 后者可以在一定程度上提高企业的预期自由现金流量, 这是投资者对企业履行社会责任做出的反应。另一方面, 随着消费者环保意识的增强, 消费者偏好于具有环保理念的产品, 消费者偏好的改变可以接受披露环境信息的环境敏感型企业的产品, 并影响企业预期自由现金流量。但是, 实证研究的结果表明环境信息披露对预期自由现金流量的影响会与披露内容、行业类型和宏观环境等第三方面因素有关。例如, Plumlee 等 (2015) 选取了美国 2000~2005 年石油和天然气、化工、食品饮料和电力五个行业的上市公司, 不仅包括环境敏感型行业而且包括非环境敏感型行业, 并认为环境信息披露与预期现金流量是否相关主要取决于环境信息的内容。任力和洪喆 (2017) 发现与全行业样本相比, 化工行业预期现金流量效应显著为负, 并将此归因于中国资本市场发展时间较短、缺少权威第三方对实际环境表现的评估、环境信息披露相关的实践不完善。此外, 还有学者考虑了地区市场化程度因素, 在政府监管、交易规则等方面的差距会影响产品市场效应的大小。王丽萍等 (2020) 认为, 持续的自由现金流及未来发展的潜力是企业价值的主要体现, 并发现环境信息披露对企业价值的影响与市场化程度有关, 低市场化程度地区的企业披露环境信息会带来更多的企业自由现金流, 这为"绿色竞争优势"提供了经验证据。

此外, 学者们探讨了利益相关者在环境信息披露方面对企业价值的调节作用。这里借鉴 Huang 和 Kung (2010) 的研究对利益相关者的分类方法进行了以下梳理: ①外部利益相关者 (政府、债权人和消费者)。沈洪涛等 (2010) 检验了再融资环保核查政策对环境信息披露与权益资本成本两者关系的影响, 认为政策及其执行力度均可以增强两者的负相关关系, 中央的核查可以降低投资者对企业投资风险的判断。叶陈刚等 (2015) 认为, 行业监管法律、政府环境监管、环境补贴、媒体监督等外部治理水平的提高, 能够加强环境信息披露与股权融资成本的负相关关系。同时, 由于企业披露信息的质量参差不齐, 部分学者进一步考察了政府监管对环境信息披露质量的影响, 但其如何影响环境信息披露与资本成本的关系并未形成统一结论。例如, 王喜等 (2022)、苏利平和张慧敏 (2020) 的研究结论分别支持了媒体关注度和较为严格的政府监管可以显著提升环境信息披露质量对降低股权融资成本的积极作用。但是, 杨洁等 (2020) 则认为, 政府监管的调节作用受企业类型的影响, 债权人出于对社会责任指数成分股企业节能减排与信息披露而引致经济收益减少的担忧，会降低对企业的风险评级，提高要求回报率，所以政府监管压力的提高往往会削弱这类企业环境信息披露与债务融资成本的负相关关系；相反，对于本身披露质量较低的非社会责任指数成分股企业来说，政府监管压力提高后，企业被动提高信息披露质量可以增加债权人信心，从而加强企业环境信息披露与债务融资成本的负相关关系。②内部利益相关者（股东、员工）。随着中国 A 股机构化程度的不断提升，机构投资者持股比例已接近 50%,① 其责任投资理念（如 ESG 投资）在监督企业履行社会责任方面发挥重要作用。王垒等（2019）肯定了压力抵制型机构投资者在环境信息披露方面的积极作用，并认为环境信息披露能够改善企业价值，从而也为压力抵制型机构投资者参与监督提供不竭动力。控股股东、制衡股东、员工的环保认知也可以有效地引导管理层积极披露环境信息（黄珺、周春娜，2012；张长江等，2019），但少有文献研究其在环境信息披露对企业价值提升方面的调节作用。③中间利益相关者（环境保护组织和会计师事务所）。环境保护组织的出现进一步增加了企业的环保压力，促进企业提高环保意识与信息披露水平。宋晓华等（2019）基于公共压力视角，发现政府环境规制、媒体关注度和环保组织监督等可以促进环境信息披露的价值效应。此外，外部审计也在一定程度上影响了企业的环境表现，例如，注册会计师审计制度、聘请"四大"会计师事务所等审计监督行为均对环境信息披露具有积极作用（黄超等，2017；唐勇军等，2018）。代文和董一楠（2017）同样肯定了这一正向作用，但发现审计监督对环境信息披露质量与债务融资成本关系的调节作用并不显著，并认为其原因可能与样本公司环境信息披露的质量有关，他们认为第三方审计机构无法对非财务和文字类环境信息起到显著的监督作用。

2. 关于环境信息披露的有效性问题，即资本市场是否能对环境信息做出真实反应

Belkaoui（1976）最早分析了企业披露污染控制支出这一环境信息的市场反应，并用有效市场理论和天真投资者理论为其提供了可能的解释。其中，有效市场理论认为污染控制支出通过增加销售成本，可能直接降低每股收益，即在半强式有效市场中，市场会对企业内部环境信息的披露行为做出反应；天真投资者理论则认为投资者只注重企业的每股收益，不会对污染控制支出等环境信息做出反

---

① https：//baijiahao. baidu. com/s? id=1685361611403339889&wfr=spider&for=pc。

应，即使企业根据环境信息购买股票也只对股价造成暂时性的影响。Laplante 和 Lanoie（1994）从理论和实证层面论证了加拿大资本市场对环境诉讼案件的消极表现，具体表现为市值的下降。同样，相关研究也表明了环境负面信息披露造成企业市值损失这一不利结果。因此，自愿披露环境信息的企业有动机隐瞒负面信息，并披露其他正面的环境信息，以提高股票价格（Clarkson et al.，2013）。但是，隐瞒的负面信息一旦曝光仍然会加剧股价崩盘的风险。所以，资本市场可以对环境信息披露做出真实反应，即环境事件本身的性质会影响资本市场的反应方向。国内学者沈红波等（2012）以紫金矿业环境事件为研究对象，也发现资本市场可以对重大环境污染事故做出显著负面反应，并对同行业股价产生消极影响。然而，陈守明和郝建超（2017）认为，资本市场对企业环境污染没有明显反应，并将其原因归为以下两点：一是个人投资者没有形成责任投资理念，只是通过低买高卖的方式获得资本收益，这种投资方式的目的并不关注企业一般环境问题，除非企业发生重大环境事件、面临巨额罚款等利空消息，投资者才会做出消极反应；二是严格执法的缺位致使企业环境违法成本过低。进一步地，马海超和周若馨（2017）认为，中国投资者对环境污染事件的敏感性较差，并将环境事件细分为环境政策、环境污染、环境群体事件和环境信息披露，他们认为资本市场对不同环境事件的敏感性存在差异，敏感性由高到低分别为环境信息披露、环境政策、环境污染与环境群体事件，但环境信息披露的主体主要讨论了政府、媒体和非政府组织等外部披露主体，并没有讨论企业自身披露环境信息的情况。方颖和郭俊杰（2018）对此进行了补充，发现中国环境信息披露政策在金融市场上是失效的，并认为企业环境违法责任偏低、环境执法偏袒等导致违法成本过低是环境信息披露政策失效的原因。以上文献均基于事件研究的分析方法，窗口期和估计窗口期的选择可能导致研究结论的不一致。例如，陈开军等（2020）将窗口期调整为事件日及其前后一日，发现企业披露环境信息当日的累积异常收益率为负，资本市场对环境信息做出惩罚性反应，但该反应并不持久，并表明处罚力度、环境管制与惩罚性反应的正向关系。除关注企业环境事件的惩罚性后果外，还有学者关注环境信息与股价同步性的问题。一般认为新兴市场的股票市场噪声较多，环境信息披露在一定程度上降低了投资者对企业未来发展的不确定性认知，减弱噪声对股价的波动性，从而提高了股价的同步性（危平、曾高峰，2018）。

　　总体而言，环境信息披露对企业价值存在影响，具体表现在资本成本和预期企业自由现金流量两个方面。理论上，环境信息披露能够降低企业资本成本，但由于现实中管理层选择性的环境信息披露行为、投资者的短视行为以及计量分析中的内生性问题使实证结果争议较大。对于预期自由现金流量来说，企业社会责任的履行和预期监管成本与其正相关，产品市场效应对预期自由现金流量的影响方向并不确定。同时，各方利益相关者也可能对环境信息披露的价值效应表现出积极的调节作用。不仅如此，资本市场能够在一定程度上对企业的环境信息做出真实反应。

三、企业创新的相关研究综述

结合本书的研究对象，本章重点梳理了社会责任与企业创新、信息披露与企业创新的相关文献。其中，社会责任与企业创新的相关文献主要基于资源基础理论和高阶理论，梳理了企业资源与管理者特征对企业创新的影响；信息披露与企业创新的相关文献则从传统信息披露、社会责任信息披露、环境信息披露以及信息中介等角度进行了梳理。这为下文研究的开展提供了坚实的理论支撑。

(一) 创新的内涵

约瑟夫·熊彼特（Schumpeter）在 1912 年最早提到创新一词，认为创新是将新产品、新工艺、新方法或新制度应用到经济发展中的第一次尝试，即生产体系中出现的生产要素与生产条件的新组合。有关企业创新理论的研究能够追溯到约瑟夫·熊彼特于 1942 年提出的"创造性破坏"理论。他强调企业家可以通过新产品、新工艺在一段时间内获取超额利润，并逐渐被不断涌入市场的新技术创新取而代之，由此认为经济结构的创造与破坏是依靠创新而非价格竞争实现的。因此，企业创新不仅是企业获利并保持长期竞争优势的手段，也是经济发展中不可或缺的要素。罗伯特·索罗（Solow，1956）和罗默（Romer）分别在熊彼特创新理论的基础上提出了新古典经济增长理论和内生经济增长理论，虽然对技术的假定存在不同看法，但都认为技术会作用于经济的增长。此外，在环境经济学领域，越来越多的学者开始讨论环境政策与技术创新的关系。这是因为：一是社会经济活动对环境的影响与技术创新的速度和方向有关；二是环境政策本身会产生新的制约和激励措施，影响创新主体的行为。因此，创新理论无论是在解释经济增长方面还是在环境经济发展的应用方面都具有重要作用。

（二）社会责任与企业创新

20 世纪 60 年代，公益慈善事业是企业社会责任的主要形式，旨在"为了做好事而做"，企业并没有对其给予足够的重视，通常只是追求与股东利益之间的间接联系，后来才逐渐成为企业的战略管理，即企业通过不同于竞争对手的社会责任活动以降低成本或更好地服务客户需求，从而使自己具有独特地位（Preuss，2011）。社会责任成为企业创新和竞争优势的源泉（Porter and Kramer，2006）。

1. 资源基础理论

伯格·沃纳菲尔特（Wernerfelt，1984）提出了"企业的资源基础论"，认为设备加工能力、客户忠诚度、生产经验和领先的技术等都可以是企业的资源，并转变为特有的能力。Barney（1991）进一步指出"资源和能力是有价值的、稀缺的、无法效仿的、不可替代的，它们可以成为企业保持可持续竞争优势的源泉"。Hart（1995）最早将这一理论应用于企业社会责任的研究，他认为环境社会责任可以成为企业的资源，并使企业保持竞争优势。创新被认为对价值创造和保持竞争优势具有核心作用（Baregheh et al.，2009）。国内外学者对于社会责任与企业创新的关系展开了讨论。McWilliams 和 Siegel（2001）讨论了"企业应在社会责任方面支出多少"的问题，企业基于自身资源进行投资，满足消费者、员工和其他利益相关者的需求，特别是社会责任作为一种差异化战略，研发支出可能促进企业社会责任相关的流程创新和产品创新，最终通过增加产品购买、提高员工忠诚度和提高企业声誉等无形资产的方式使企业获利，可以根据成本效益分析确定企业资源的最优投资水平。Luo 和 Du（2015）认为企业的社会责任是创新的"催化剂"，他们考虑了外部知识的流入对于企业内部知识的补充作用，企业的社会责任方案通过关系网络获取其他利益相关企业的外部知识，从而促进了企业创新。Cook 等（2019）发现，社会责任绩效越高的企业，其专利数量和专利引用量也越高，并认为规模越大、成立时间越久的企业拥有更多的资源雇佣生产型的员工、进行创新投资。据此，企业又可通过社会责任获得以下三类资源：①无形资产；②员工忠诚度；③研发支出。然而，也有学者认为研发支出与社会责任的关系是双向且消极的。Gallego-Álvarez et al.（2011）基于实证分析发现，企业不会开展有利于可持续性发展的创新活动，同时研发投入也没有鼓励企业的可持续发展。

此外，国内学者孟猛猛等（2019）认为，企业社会责任可以促进企业的技术创新，并基于资源基础理论提出以下三条路径：①社会责任作为一种无形资源，可以带来销售增长和绩效的提升；②社会责任可以获得员工的价值认同，并吸引高素质、具有创造力的优秀人力资源；③社会责任作为非市场竞争战略，可以应对政府和制度压力，维护企业声誉和合法性地位，进而从政府获得研发补贴、土地等资源。Kamidi 和郭俊华（2021）认为，无论是企业履行社会责任的行为，还是研发创新活动的投入都是为了获得资源，同时认为企业履行社会责任与获得新制度、新产品、新服务是密不可分的，社会责任与创新绩效存在正相关关系。

2. 高阶理论

20 世纪中期，学术界已经开始注意到人力资本在经济增长、技术进步等方面的作用。Schultz（1961）最早提出人力资本的概念，包括数量（如人数、有效工作时间等）和教育、健康、技能等衡量生产工作能力的质量要素，并用此解释了有关宏观经济增长差异的难题。Nelson 和 Phelps（1966）认为，在技术进步或者动态经济中，管理者的生产管理能力也是一项技能，并肯定了企业管理者的教育水平对新生产技术应用的积极作用。Hambrick 和 Mason（1984）提出的高阶理论就是将个人特征作为企业决策的影响因素之一，认为在有限理性的前提下，管理者特征会影响企业的战略选择、战略决策。现有文献认为高管任期、高管团队、高管背景等特征均对企业创新存在显著影响（刘运国、刘雯，2007；雷辉、刘鹏，2013；何瑛等，2019）。

也有学者研究了高管特征对社会责任与企业创新之间关系的影响。例如，Ferauge（2012）认为，企业社会责任与创新具有互补性，利益相关者向企业管理者施加外界压力，通过改变高管的社会责任意识，促使企业在满足盈利能力要求的前提下开展对环境社会有利的创新活动。其中，高管的经验和能力对社会责任绩效具有重要影响，例如，教育水平、工作经验等因素（He et al.，2015）。Khan 等（2018）评估了转型领导者和创新绩效的关系，他们认为转型领导者对企业社会责任具有显著影响，并进一步间接地影响企业创新。Kamidi 和郭俊华（2021）关注到高管特征的异质性影响，分别分析了高管任期与高管任期的异质性对社会责任与企业创新的调节作用，发现高管任期可以促进企业社会责任的创新绩效转化，而高管任期的异质性则具有反作用。而且，这一反作用是基于社会同一性理论提出的，认为高管任期相近的团队在工作中的协调配合能力较强，可以减少因意见不合而产生摩擦的概率，更有利于社会责任向创新资源的转化；然而，任期较短的年轻高管加入后，思维方式、工作经历等差异降低了社会责任转化成为创新资源的效率。

（三）信息披露与企业创新

1. 信息披露的内容

传统的信息披露主要是依靠企业内部的会计系统、财务机制以及内部控制机制而形成的、以投资者保护为目的并对外发布的财务类信息。随着其他利益相关者在环境保护、公益事业等方面的意识不断提高，企业信息披露的内容逐渐纳入了非财务类的社会责任信息。信息披露与企业创新的有关研究也得到了相应的发展。

信息披露的作用是为了降低企业与外部的信息不对称，为投资者提供获取企业经营现状等财务信息的途径，便于投资者了解企业经营现状进而做出合理的投资决策。关于信息披露与企业创新的文献主要强调了投资者的作用。信息不对称性的下降显著提高了企业资源配置效率和投资者的投资意愿，进一步推动企业投资创新项目以扩大市场，通过产品创新获取利润回报；而且，信息披露可以获得银行和投资者的信任，从而以较低的融资成本获得充足资金开展创新活动，并通过提高企业的现金流水平，向外界传递良好的经营绩效信号，进一步促进企业创新（张文菲、金祥义，2018）。

一般认为，社会责任信息披露也具有信息披露的作用。社会责任信息披露创造性的引入了社会责任理念，在传统信息披露受众的基础上进一步考虑非股权利益相关者对信息的需求，涉及企业的声誉问题。例如，积极的社会责任信息披露内容有利于提高企业的外部声誉，从而使企业在获得社会资本的同时，也吸引了高技术创新人才，促进企业创新绩效的提升（杨金坤，2021）。另外，Fauziah 等（2020）在研究社会责任披露对企业价值的影响过程中，发现社会责任信息可以增加企业创新，间接激励了企业的产品创新和流程创新。Hu 等（2020）研究了社会责任信息披露与企业创新可持续性的关系，认为两者存在正相关关系，同时也肯定了社会责任信息披露可以减轻融资限制、降低融资成本的作用。国内学者杜闪和王站杰（2021）认为，管理者出于自利动机和政治动机，披露的社会责任信息可能是为了掩盖企业的不端行为，社会责任披露只是委托代理问题的一个简单反映，而出于伦理动机和战略动机的披露行为则是以追求利润最大化为目标，并与其他利益相关者进行互动维持企业的可信度，进一步利用 2009～2018 年中国 A 股上市公司的数据进行实证分析发现，企业社会责任披露对创新投入和创新产出均有显著的提升作用。

环境保护作为社会责任中重要的一部分，也有学者研究了环境信息披露对企业创新的影响，根据对创新关注点的不同可归为以下三类：一是研发投入。Inoue（2016）基于欧盟企业碳披露项目和研发数据发现，环境信息披露可以增强企业与其他利益相关者之间的沟通，刺激企业扩大披露范围，从而增加创新活动的研发投入规模。二是创新水平（专利数量）。张哲和葛顺奇（2021）基于中国沪、深 A 股上市公司的专利数据认为环境信息披露对企业创新水平具有促进作用。三是环境创新（绿色专利数量）。环境创新的概念较为模糊，Bernauer 等（2007）将环境创新等同于绿色创新。Yin 和 Wang（2017）认为环境创新既包括环境绩效方面的创新也包括旨在减少负面环境影响的创新，即新产品、新市场与新制度，以减少对环境的负面影响，实现环境的可持续发展，并基于中国 111 家重污染行业上市公司的绿色专利数据，发现环境信息披露可以促进环境创新，认为机构投资者持股比例和企业类型对环境信息披露的创新效应具有调节作用。随后，Xiang 等（2020）认为环境信息披露是一项自愿环境法规，并基于 2007～2016 年中国重污染行业上市公司的绿色专利数据也得到了环境信息披露可以促进绿色创新的结论。但是，现有研究仍存在以下三点不足：一是关于环境信息披露具有创新提升效应的研究主要局限于重污染行业，这一类型的行业受强制性环境披露制度的约束较大，可能导致结果的有偏。二是现有关于环境信息披露对重污染企业创新效应的研究，侧重于分析对企业专利数量的影响，缺乏从专利形式、高质量专利等方面分析环境信息披露对创新动机影响的研究，即专利数量增长的背后动力是来自于发明专利的实质性创新，还是来自于实用新型专利与外观设计专利的策略性创新。三是新《环境保护法》的实施将环境信息披露上升至法律层面，并引入了公众参与机制，但鲜有文献注意并研究新《环境保护法》的实施对环境信息披露创新效应的影响。

此外，朱琳等（2021）关注了信息发布者的特征对企业创新的影响，认为金牌董秘通过提升企业内部信息披露质量和改善外部信息沟通环境的途径，提高了企业的发明专利和实用新型专利申请量，而且董秘的专业相关度与工作勤勉度越高，对企业创新的促进作用越强。

2. 信息中介

信息不对称问题是资本市场上资金供求双方共同面临的突出问题。金融分析师、媒体和审计师等信息中介对金融市场信息效率和准确率的提高具有促进作用，也会影响企业的创新投资。该部分重点梳理了金融分析师作为信息中介可能产生的影响。现有文献基本认同信息中介的"信息中介"假说和"市场压力"假说，但对于能否促进企业创新尚未达成一致结论。

（1）"信息中介"假说，即信息中介通过发挥信息传递的作用，降低信息不对称、缓解委托代理问题和管理层短视行为，促进企业创新。国外学者 Brennana 和 Subrahmanyam（1995）认为如果信息长期存在，那么知情交易者数量的增加可以提高信息在价格方面的反应速度。所以，信息中介可以避免由于信息不对称导致创新型企业股价被低估的情况。信息中介服务者在信息搜寻和加工中具有优势，特别是高素质、职业声誉较好的信息中介，能够使股价包含更多企业层面的信息，提高股价的信息含量（朱红军等，2007）。余明桂等（2017）基于 2003～2014 年上市公司的专利数据证明了分析师关注对企业创新的促进作用，而且声誉较高的分析师可以带来更多的创新产出。

这其中涉及分析师声誉的问题，究其原因是信息中介可能存在因一己私利而选择性跟踪、策略性发布盈余预测等行为，这在一定程度上加剧了信息不对称程度，不能客观地反映企业信息。例如，分析师面临的"利益冲突"会导致分析师乐观偏差，倾向于发布乐观的研究报告，从而削弱信息传递和提高市场信息效率的作用，加剧股价崩盘的风险（许年行等，2012；伊志宏等，2018）。

（2）"市场压力"假说则认为信息中介对企业管理者施加过多的压力，而导致管理者更加关注短期目标，不利于企业创新。一方面，管理者更喜欢高股价而不是低股价，管理者倾向于通过信息披露传递利好消息，因此，外部分析师对于负面消息传播的边际贡献会更大（Hong et al.，2000）。创新本身具有不确定性大、风险较高的特点，管理者为维护自身声誉、薪酬、职业生涯等会选择牺牲长期投资，以避免创新失败带来的负面影响。另一方面，分析师和机构投资者会更多的关注短期利益，可能会进一步加剧管理者的短视行为，例如，管理者为追求短期利益而选择牺牲环境为代价的利己行为，降低环境治理绩效（程博，2019）。投资者在一定程度上根据分析师的盈余预测做出投资决策，管理层会通过盈余管理和预期管理的方式迎合分析师预测。Graham 等（2005）通过对 400 多名高管进行的调查发现，3/4 以上的高管都愿意为了稳定的收益而牺牲长期经济价值，以满足短期报告目标。He 和 Tian（2013）基于 1993~2005 年美国上市公司的数据，采用双重差分和工具变量法研究了分析师跟踪对企业创新的因果关系，发现管理者会迎合分析师的盈余预测，认为分析师的跟踪阻碍了企业对长期创新项目的投资。此外，当企业实际业绩低于分析师业绩预测时，分析师期望落差也会导致管理层业绩压力，可抑制管理层迎合投资者情绪而进行的研发行为，使其进一步调整研发策略，削减企业的研发支出（翟淑萍等，2017；陈伟宏等，2020）。

四、评述

综合以上分析，"波特假说"认为设计合理的环境规制对企业创新具有促进作用，并可以通过发挥"创新补偿"效应弥补企业成本以提高企业竞争力。这为环境规制与企业创新的关系提供了新见解，也为本书的研究奠定了理论基础。根据研究目的的不同，现有研究分别关注了环境规制对企业创新和竞争力的影响，可划分为"弱波特假说"和"强波特假说"。学术界基本接受了"弱波特假说"，但大部分将排污量、污染治理投入、污染物排放达标率等作为环境规制的代理指标检验了其对研发投入、创新产出等方面的影响，只有小部分考虑了排污权收费、新《环境保护法》等制度因素的影响。对于"强波特假说"争议较大，"创新补偿"效应可能需要企业满足某些条件才能成立。根据规制类型的不同，环境规制可进一步划分为正式环境规制和非正式环境规制，而且都对企业创新具有一定影响。进一步地，根据环境信息披露的经济后果，本书猜测环境信息披露政策的实施可能会促进企业创新。主要体现在以下两个方面：一是环境信息披露能够降低资本成本并提高预期现金流量，提高企业价值，从而为企业研发投入提供了充足的资金；二是环境敏感型企业披露的负面环境信息会引起股价下跌甚至崩盘的不利后果，从而降低企业价值，企业为了实现"绿色"转型将加大创新力度。

综观相关文献的研究范畴，现有研究多聚焦于社会责任、信息披露的研究，研究对象多是自愿性的信息披露行为。然而，环境规制作为企业环境信息披露的重要驱动力，涉及政府监管、法律约束等正式环境规制，也涉及价值取向、环保观念等非正式环境规制，鲜有文献将环境信息披露纳入环境规制的研究范畴，另外从双重环境规制视角关注环境信息等非财务信息披露对企业创新影响方面的研究更是少之又少。

据此，本书做出以下两项说明：

第一，本书的研究适用于验证"弱波特假说"。"弱波特假说"是"强波特假说"成立的前提，应优先检验"弱波特假说"为后者的研究奠定基础，尤其是在环境信息披露这一环境规制问题的研究较为薄弱的前提下。此外，企业竞争力的提升受多种内外部因素的影响，"创新补偿"效应的实现机制较为复杂，跨越式研究造成的困难较大。

第二，环境信息披露具有正式环境规制和非正式环境规制的双重属性，本书既考虑了环境信息披露相关政策、新《环境保护法》等正式环境规制对企业创新的影响，也考虑了社会公众、媒体和环保组织等非正式环境规制对企业创新的影响；考虑到专利结构及其技术含量对企业竞争力、经济发展的作用差异，本书不仅分析了环境信息披露对创新水平的影响，也从创新效果方面探讨了环境信息披露对企业创新动机的影响。

第三章　环境信息披露与企业创新行为的概况描述

在对环境信息披露和企业创新相关文献进行梳理的基础上，本章首先阐述了环境信息披露的政策背景，继而从数量和质量两个维度构建了环境信息披露指标，从披露内容、披露质量、披露意愿以及行业、地区披露情况等方面描述了上市公司环境信息披露的特征事实。然后，以上市公司创新产出作为研究对象，从企业资产规模、专利结构、企业所有制、所属地区和行业等方面描述了上市公司创新行为的特征事实。本章为下文的经验分析奠定了数据及现实基础。

一、环境信息披露的概况描述

环境信息披露是市场择优，倒逼企业提升综合竞争力的有效途径。然而，中国的环境信息披露制度与其他发达国家相比起步较晚，现主要形成"自愿性披露为主，强制性披露为辅"的披露体系。因此，系统梳理环境信息披露制度的演进过程和特征事实，对于发现现阶段的结构性特点具有重要意义，也为下文的研究提供了数据支持。

（一）环境信息披露的制度背景

改革开放以来，党和国家以经济建设为中心，通过大力解放生产力，不断扩大对外开放水平，大力引进外资，中国经济社会发生了翻天覆地的变化，中国经济总量已经跃居全球第二位。但长期"高污染、高能耗、高排放"的粗放型增长方式除了造成生态环境的破坏，也透支了经济可持续发展的潜力，旧的发展方式已经难以为继。为此，习近平总书记多次强调"既要金山银山，也要绿水青山""绿水青山就是金山银山""绝不能以牺牲生态环境为代价换取经济的一时发展"等绿色发展理念，为中国经济发展指明新的方向。同时，中国经济也进入了新的发展阶段，党的十九大报告明确指出："我国经济已由高速增长阶段转向高质量发展阶段。"如何实现环境保护和经济发展的"双赢"进而推动经济高质量发展，是政界和学术界共同关注的热点话题。

国家多部门相继出台了关于环境信息披露的指导性文件，试图规范并促使地方政府、企事业单位、上市公司履行社会环境责任，推动现代化生态文明建设。为维护公民、法人和其他组织获取环境信息的权益，推动公众参与环境保护，国家环境保护总局（现中华人民共和国生态环境保护部）于 2007 年 2 月 8 日发布了《环境信息公开办法（试行）》，并于次年 5 月 1 日实施，该文件对政府环境信息和企业环境信息公开提出了相关要求。其中，政府环境信息是指环保部门在履行环境保护职责中制作或者获取的，以一定形式记录、保存的信息。企业环境信息是指企业以一定形式记录、保存的，与企业经营活动产生的环境影响和企业环境行为有关的信息。文件明确规定了政府环境信息的公开范围、方式和程序；企业环境信息公开则实行自愿性公开与强制性公开相结合的披露方式，鼓励企业自愿公开环境战略目标、年度环境保护目标等战略性信息以及资源消耗、环保投资、排放污染物等行动性信息，并对模范遵守环保法律法规的企业给予奖励，同时要求重点监控的企业披露企业名称、地址、法人和污染物名称、排放方式、浓度及总量、超标情况等信息。此外，深圳证券交易所和上海证券交易所分别于 2006 年和 2008 年出台了《深圳证券交易所上市公司社会责任指引》和《上海证券交易所上市公司环境信息披露指引》，要求上市公司制定整体环境保护政策，并在社会责任报告中披露环境污染方面的信息。党的十八大以来，将生态文明建设纳入"五位一体"的中国特色社会主义总体布局，把"生态文明建设"放在突出地位。2014 年修订新《环境保护法》，并于 2015 年 1 月 1 日正式实施。新《环境保护法》被称之为史上最严的环境保护法，它从多个方面修订并新增了有关环境信息披露的内容。具体表现在：①公民、法人和其他社会组织有权对污染环境和破坏生态的行为进行举报，社会组织可以对损害社会公共利益的行为向法院提出诉讼；②县级以上地方人民政府环境保护主管部门对于超过污染物排放标准或者超过重点污染物排放总量控制指标的单位，可以责令其采取限制生产、停产整治等措施；③对于不公开或不如实公开环境信息的重点排污单位，可以责令公开、处以罚款，并予以公告。新《环境保护法》的实施进一步增加了企业的环境成本，并提高了公众的参与度。

（二）环境信息披露的特征事实

从宏观层面来看，公众环境研究中心（IPE）和自然资源保护协会（NRDC）联合发布的《120 城市污染源监管信息公开指数（PITI）报告》指出，环境信息公开的基础数据由 2008 年的 24345 条，增长到 2018 年的 338651 条。报告中 120 个城市 2018～2019 年的 PITI 指数基本高于 2008 年，在监管信息、自行检测、互动回应、排放数据、环评信息方面取得了历史性进步。①

从微观层面来看，国泰安（CSMAR）数据库统计了 2006 年以来沪、深 A 股上市公司的社会责任报告，其中包括环境与可持续发展信息，这为本书深入分析环境信息披露的特征事实提供了微观数据基础。现有对上市公司环境信息披露的研究中，部分学者同时考虑了年报和社会责任报告的披露情况（毕茜等，2012），也有学者仅考虑了社会责任报告的披露情况（姚海博等，2018；张哲、葛顺奇，2021）。由于单独披露社会责任报告的企业更加注重社会责任的履行，本部分将重点基于上市公司社会责任报告从微观层面分析上市公司环境信息的披露特征。

1. 环境信息披露总体情况

为了全面了解我国沪、深 A 股上市公司在社会责任报告中环境信息的实际披露情况，本章首先统计了 2006～2017 年沪、深 A 股上市公司社会责任报告的公布情况。

从表 3-1 可以看出，2006 年，我国 A 股上市公司公布社会责任报告的数量很少。其中，深证 A 股有 20 家上市公司公布了社会责任报告，而上证 A 股上市公司公布报告的数量为 0。2008 年起，公布数量有所增加，上证和深证 A 股分别有 3 家和 175 家上市公司公布了社会责任报告，占上市公司总量的比重分别为 0.67%和 44.42%。这是因为深圳证券交易所于 2006 年出台《深圳证券交易所上市公司社会责任指引》，上海证券交易所于 2008 年出台《上海证券交易所上市公

---

① https：//wwwoa.ipe.org.cn//Upload/20200109124512846.pdf。

司环境信息披露指引》，对上市公司社会责任报告的披露具有一定推动作用。2014 年，上证 A 股和深证 A 股上市公司分别有 417 家和 261 家公布了社会责任报告，所占比例分别达到 62.33% 和 28.52%。随后，公布社会责任报告的上市公司数量不断增加，但所占比例却出现下降趋势，可能是新《环境保护法》的实施在一定程度上提高了环境信息披露的质量，约束了企业旨在印象管理的"漂绿"行为。

表 3-1　2006~2017 年上市公司公布社会责任报告数量和占比

年份		2006	2008	2010	2012	2014	2017
上证 A 股	数量（个）	0	3	290	381	417	511
	占比（%）	0	0.67	56.53	63.08	62.33	48.25
深证 A 股	数量（个）	20	175	196	240	261	282
	占比（%）	8.03	44.42	31.61	28.34	28.52	25.50
总计	数量（个）	20	178	486	621	678	793
	占比（%）	3.24	21.12	42.89	42.80	42.80	36.63

资料来源：国泰安（CSMAR）数据库。

进一步，本书统计了社会责任报告中披露环境信息的上市公司情况，具体根据"是否披露环境和可持续发展信息"进行判断。根据表 3-2 可知，2006 年，我国上市公司披露环境信息的比例较低，占比约 3.24%。随后，与公布社会责任报告的趋势相同，呈现出先增长后下降的态势。而且，对比社会责任报告与环境信息披露数量及占比发现，2006~2017 年，上证 A 股与深证 A 股中 90% 以上公布社会责任报告的企业均在社会责任报告中披露了环境信息。因此，本书认为环境信息已成为社会责任报告的重要组成部分。

表 3-2　2006~2017 年上市公司披露环境信息数量和占比

年份		2006	2008	2010	2012	2014	2017
上证 A 股	数量（个）	0	3	281	374	397	481
	占比（%）	0	0.67	54.78	61.92	59.34	45.42
深证 A 股	数量（个）	20	175	195	237	257	275
	占比（%）	8.03	44.42	31.45	27.98	28.09	24.86

续表

年份		2006	2008	2010	2012	2014	2017
总计	数量（个）	20	178	476	611	654	756
	占比（%）	3.24	21.12	42.01	42.11	41.29	34.92

资料来源：国泰安（CSMAR）数据库。

2. 环境信息披露内容

尽管大部分公布社会责任报告的企业均披露了环境信息，但披露的内容可能并不全面。本书区分了"环境负债""环境管理""环境业绩与治理""环境监管与认证"四部分内容（见表3-4），并进一步分析了上市公司在披露内容方面的差异。从表3-3可以发现：①总体上，"环境负债""环境管理""环境业绩与治理""环境监管与认证"等披露内容所占比例差距明显。具体地说，首先是披露第一项内容"环境负债"的公司数量最少，共有1601家，占公司总数的57.18%；其次是第三项内容"环境业绩与治理"，共有1757家，占公司总数的62.75%；再次是第二项内容"环境管理"，共有2057家，占公司总数的73.46%；最后是披露数量最多的内容，即第四项"环境监管与认证"，2800家上市公司均披露了此项内容。②上证A股与深圳A股上市公司披露各项内容的公司数量基本持平。具体地说，上证A股上市公司披露"环境负债""环境管理""环境业绩与治理""环境监管与认证"内容的数量占A股市场披露企业数量的比例分别为50.34%、50.07%、49.74%、50.57%。

表3-3　社会责任报告披露的环境信息内容

		环境负债	环境管理	环境业绩与治理	环境监管与认证
上证A股数量（个）		806	1030	874	1416
深证A股数量（个）		795	1027	883	1384
总计	数量（个）	1601	2057	1757	2800
	占比（%）	57.18	73.46	62.75	100

资料来源：国泰安（CSMAR）数据库。

进一步，本章整理了"环境负债""环境管理""环境业绩与治理""环境监管与认证"的具体内容。从表3-4可以发现，披露"突发环境事故""环境信访案件""环境违法事件"等内容的上市公司数量明显较少。一方面，负面的环境信息会对企业声誉、股价、价值等产生消极影响，披露数量明显少于其他正面信息，可能是由于企业存在隐瞒负面信息的披露行为。另一方面，从侧面反映出我国环境信息披露制度的不完善，2015 年新《环境保护法》正式实施才将重点排污企业的环境信息披露上升至法律层面。例如，2010 年有 2 件环境违法事件，2015 年上升至 12 件，2017 年为 14 件。

表 3-4　社会责任报告披露环境信息的具体内容

环境负债	数量		环境管理	数量
	定性描述	定量描述		
废水排放量	1290	491	环保理念	1396
COD 排放量	205	429	环保目标	692
SO_2 排放量	265	370	环保管理制度体系	1355
CO_2 排放量	263	161	环保教育与培训	507
烟尘和粉尘排放量	743	301	环保专项行动	790
工业固体废物产生量	123	41	环境事件应急机制	774
			环保荣誉或奖励	758
			"三同时"制度	462
环境业绩与治理	数量		环境监管与认证	数量
	定性描述	定量描述		
废气减排治理情况	1189	570	重点污染监控单位	728
废水减排治理情况	1251	544	污染物排放达标	2800
粉尘、烟尘治理情况	709	315	突发环境事故	5
固废利用与处置情况	1076	394	环境违法事件	25
噪声、光污染、辐射等治理	772	101	环境信访案件	8
清洁生产实施情况	777	125	通过 ISO14001 认证	1040
			通过 ISO9001 认证	1135

资料来源：国泰安（CSMAR）数据库。

另外，现有关于环境信息披露的文件中并未明确要求企业的披露形式。Clarkson 等（2008）最早按照披露内容的表现形式将披露分为"软"披露和"硬"披露，披露以文字形式表达且内容较为空泛的定性信息被称为"软"披露，披露内容较为客观且不易模仿的定量信息被称为"硬"披露。据此，本部分根据上市公司披露的具体内容，分析企业在"环境负债"和"环境业绩与治理"方面的披露方式。总体上，进行定性描述的企业数量要远超于进行定量描述的企业数量。特别是，企业关于"环境业绩与治理"情况的披露方式存在较大差异。例如，2008~2017 年，定性披露"清洁生产实施情况"的企业有 777 家，而进行定量披露的企业仅有 125 家，约是定性披露企业数量的 1/6。这说明，现阶段，企业可以自主选择披露方式，但披露内容的可验证性存在差距，尤其是承担强制性披露义务的企业可以通过定性描述满足环境信息披露的监管要求，但无法对其所做出的实质性贡献进行验证和量化。

3. 环境信息披露质量

不同的披露方式与企业的披露策略及环境表现息息相关（沈洪涛等，2014）。根据信号传递理论，环境表现较差的企业往往披露更多的定性信息，向外界传递企业的环保形象。因此，仅用披露数量衡量企业环境信息披露的维度较为单一，且不足以反映企业真实的环境行为。国内学者毕茜等（2012）、李强和李恬（2017）通过内容分析法对上市公司披露的环境信息内容进行打分，以此衡量环境信息的披露质量。进一步地，本章根据上文中环境信息的具体内容，并借鉴毕茜等（2012）的打分体系将披露信息载体（上市公司年报、社会责任报告、环境独立报告）纳入进来，利用内容分析法计算上市公司的披露质量。具体有以下四个步骤：第一步，按照上市公司是否披露各分项内容赋值，即如果披露分项内容记 1 分，否则为 0 分；第二步，当企业披露"环境负债"和"环境业绩与治理"时，需进一步考虑环境信息的披露方式，如果上市公司披露的是定性信息则记 1 分，披露的是定量信息则记 2 分；第三步，加总各分项得分，得到单个企业环境信息披露质量的得分，用 score 表示；第四步，将单个企业的披露质量得分除以披露质量可能的最高得分 42 分，得到环境信息披露质量指数：$SCO = (score/42) \times 100$，并按照年份取平均得到每年的环境信息披露质量。图 3-1 展示了 2008~2017 年中国上市公司环境信息披露质量的趋势图。可以发现，在环境信息披露制度实施初期，环境信息披露质量较高，2008 年约为 14.23 分；随后，环境信息披露质量表现出下降趋势，直到 2013 年后，才稳步上升。这说明，在制度实施初期，企业较为重视环境信息披露要求，担心违反或不履行相关规定对企业造成的负面影响，随着企业不断地披露环境信息抑或是制度的不完善，企业也逐渐形成了"上有政策、下有对策"的披露策略；直至 2015 年新《环境保护法》的正式实施对企业产生了一定的威慑作用，特别是对于重点监控的企业来说，表现出了披露质量逐年提高的趋势。

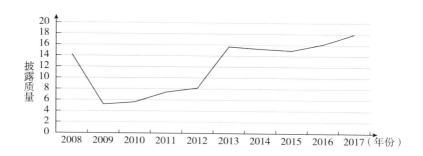

图 3-1　环境信息披露质量

资料来源：根据国泰安（CSMAR）数据库环境数据资料整理得到。

4. 环境信息披露意愿

目前，我国环境信息披露政策实行的是分层次的披露方式，强制重点排污企业进行环境信息披露与鼓励其他企业自愿披露环境信息相结合。据此，本章根据企业是否被列入重点污染监控企业名单，将企业的披露意愿分为强制性披露和自愿性披露，具体结果如表 3-5 所示。由此发现，自愿性披露环境信息的企业数量远超于强制性披露的企业数量。以 2017 年为例，承担强制性披露义务的企业有592 家，占比为 21.32%，而自愿性披露环境信息的企业有 2185 家，占总体样本的 78.68%，约是前者的 3.69 倍。这说明，承担强制性披露义务的企业在体量较大的上市公司中仅占一小部分，但其他自愿性披露环境信息的企业通常只披露保护生态、防治污染的积极信息，正如上文中提到的，部分企业自愿性披露环境信息的目的在于印象管理，通过隐瞒负面信息以维护合法性地位。进一步，本章发现强制性披露的企业集中分布于制造业行业，以 2017 年为例，制造业披露环境信息的企业有 455 家，而制造业企业恰是环境保护的中坚力量。此外，与 2014年相比，2015 年自愿性披露环境信息的企业仅增加了 10 家，而强制性披露环境信息的企业增加了 182 家；而且，2015 年以后，承担强制性披露义务的企业占比逐年增加。这说明 2015 年新《环境保护法》的实施加强了对重点排污单位环境信息披露的约束力度。2016 年《关于构建绿色金融体系的指导意见》中提出"逐步建立和完善上市公司和发债企业强制性环境信息披露制度"的目标，不仅严格规范了重点排污企业的披露制度，也更加注重强制性披露方式的广泛性应用。就现阶段而言，自愿性披露主体的体量与动机以及重点污染企业的污染程度都可能会对生态环境产生显著影响。

表 3-5　2012~2017 年上市公司披露意愿

年份	强制性披露		自愿性披露	
	数量	占比（%）	数量	占比（%）
2012	1	0.08	1308	99.92
2013	81	5.50	1392	94.50
2014	175	8.41	1905	91.59
2015	172	7.40	2152	92.60
2016	354	14.07	2162	85.93
2017	592	21.32	2185	78.68

资料来源：国泰安（CSMAR）数据库。

5. 其他环境信息披露特征

行业和地区作为另外的两个维度，可以进一步发现行业间和地区间的特征事实。图 3-2 展示了 2006~2017 年制造业与其他行业环境信息披露的趋势，可以发现：①制造业与其他行业披露数量的趋势基本一致，说明环境信息披露制度对全行业都具有影响；②制造业的披露数量高于其他行业的披露总量，说明环境信息披露主体集中于从事制造业经营的企业，通常认为制造业存在空气污染、水污染、固体污染等问题，相比于其他企业，确实面临着更大的污染防治责任，环境信息披露制度对制造业的影响更大。

另外，考虑到我国地区间经济、贸易发展的不平衡以及环境规制强度的差异，环境信息披露可能在地区间表现出一定程度的差异。为科学反映我国不同区域的环境信息披露状况，本章按照经济区域的划分方法将地区分为东部、中部、西部和东北地区，① 如图 3-3 所示。由此可知，2006~2017 年，四大地区的环境信息披露数量整体上呈现出上升趋势。但是，地区间的增长趋势仍存在较大差

---

① 东部地区包括北京、天津、河北、上海、江苏、浙江、福建、山东、广东和海南；中部地区包括山西、安徽、江西、河南、湖北和湖南；西部地区包括内蒙古、广西、重庆、四川、贵州、云南、西藏、陕西、甘肃、青海、宁夏和新疆；东北地区包括辽宁、吉林和黑龙江。

距，具体表现在东部地区的披露数量远高于其他地区。2006 年，东部地区的披露数量为 9 家，中部、西部和东北地区的披露数量分别为 2 家、8 家、1 家，而到 2017 年，东部地区的披露数量为 519 家，中部、西部和东北地区的披露数量分别为 99 家、104 家、33 家。这说明经济发展程度、环境规制强度越高的地区，企业越注重环境信息的披露。

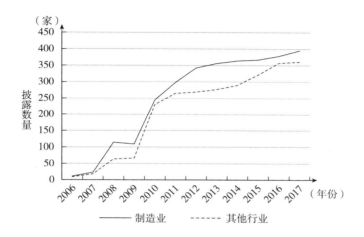

图 3-2　不同行业环境信息披露特征

资料来源：根据国泰安（CSMAR）数据库环境数据资料整理得到。

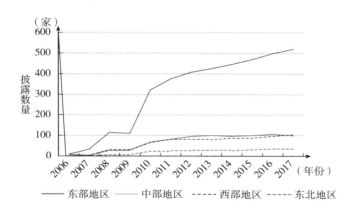

图 3-3　不同地区环境信息披露特征

资料来源：根据国泰安（CSMAR）数据库环境数据资料整理得到。

二、企业创新行为的概况描述

本部分重点通过构建创新基尼系数指标从微观、中观层面分析了企业创新行为的特征事实，具体包括企业资产规模、专利结构、企业所有制、所属地区及行业在创新表现上的特征。特别地，本章对创新基尼系数进行分解，识别了专利结构的特征及其对创新不平衡的边际贡献，并识别了重污染企业创新差距的变化趋势，尤其是为 2015 年新《环境保护法》实施后的创新表现提供新认识，这也为本书的研究奠定了事实基础。

（一）创新差异性指标测度方法

本书使用专利数据作为度量企业创新的指标，相比于全要素生产率和研发支出等指标具有以下优点：①在一定程度上避免了全要素生产率在不完全市场中测度创新水平的误差；②创新具有不确定性高、风险大的特点，研发支出只是创新投入的一个方面，而专利作为创新产出可以较为全面、有效地衡量企业创新水平；③专利数据具有容易获得且结构维度较为丰富等特点（Griliches，1990；Aghion et al.，2005；寇宗来、刘学悦，2020）。具体地说，专利数据来源于国泰安（CSMAR）数据库，涵盖了 1990~2017 年上市公司基本信息、专利类型、法律状态等情况，这为本书的研究提供了数据支撑。据此，本章选取 2003~2017 年沪、深 A 股上市公司的专利数据作为研究样本，通过构建创新基尼系数指标测度企业的创新行为，并在此基础上考虑了专利结构的不均等，即发明专利、实用新型专利和外观设计专利对专利总量的不均等构成，对创新基尼系数进行了要素分解，以得到更加丰富的特征事实。

具体步骤如下：首先，参照寇宗来和刘学悦（2020）的做法，将上市公司按照资产规模由低到高进行排序，计算从第 1 家企业到第 i 家企业累计专利申请量占专利申请总量的比重，记作 w_i。创新基尼系数可以用式（3-1）表示：

$$G = 1 - 2\int_0^1 w_i \mathrm{d}i \tag{3-1}$$

式（3-1）可用来衡量上市公司之间专利申请量的差距，G 的值越大说明上市公司之间专利申请量的差距越大。同时，本章考虑了发明专利、实用新型专利和外观设计专利在专利结构中的不均等，并参考 Fei 等（1978）的方法对创新基尼系数进行要素分解，分解公式为：

$$G = \sum_{k=1}^{K} \chi_k \overline{G_k} \tag{3-2}$$

其中，χ_k 为 k 类专利在专利总量中所占的比重，即发明专利、实用新型专利和外观设计专利在专利总量中的占比；$\overline{G_k}$ 被称为拟基尼系数。在此基础上，Lerman 和 Yitzhaki（1985）将 $\overline{G_k}$ 进行分解，得到：

$$G = \sum_{k=1}^{K} \chi_k R_k G_k \tag{3-3}$$

这一指标直观地显示了每类专利对专利不均等的贡献，具体将其分为三个因素，包括 k 类专利在专利总量中的占比（χ_k）、k 类专利与专利总量的分布关系（R_k），以及 k 类专利自身的基尼系数（G_k）。其中，$R_k = \mathrm{cov}(Y_k, F) / \mathrm{cov}(Y_k, F_k)$，$R_k \in [-1, 1]$；$F$ 为专利数量的累积分布函数，F_k 为 k 类专利的累积分布函数，R_k 则被称为 k 类专利与专利总量之间的"基尼相关系数"。当 R_k 为 1 时，说明 k 类专利为专利总量的单调增函数，且企业的 k 类专利与专利总量的排序一致；反之，R_k 为-1；当所有企业 k 类专利的数量都相同时，$R_k = 0$。因此，R_k 的符号取决于企业专利总量与 k 类专利数量的排序。若排序一致，则 $R_k > 0$，说明 k 类专利对专利总量不均等的贡献为正；反之，则说明 k 类专利的贡献为负。

其次，可以进一步得到 k 类专利对专利总量不均等的边际变化 $\partial G / \partial e_k = S_k (R_k G_k - G)$，则相对边际效应为：

$$\frac{\partial G / \partial e_k}{G} = \frac{S_k(R_k G_k - G)}{G} = \frac{S_k R_k G_k}{G} - S_k \tag{3-4}$$

从而，基于边际效应可以判断 k 类专利对专利总量的影响程度，各 k 类专利的相对边际效应加总为 1。当 $\dfrac{\partial G / \partial e_k}{G} > 0$ 时，k 类专利的增加会增大创新基尼系数，进一步扩大专利差距；反之，则缩小。

（二）企业创新行为的特征事实

1. 企业资产规模

在 2003~2017 年，中国上市公司创新基尼系数一直大于 0.73，处于较高的水平。这说明中国上市公司专利申请量的分布是高度集中的，即少部分上市公司专利申请量较多。以 2006 年为例，申请专利数量最多的上市公司其专利申请量有 2745 件，但位于 3/4 分位数的上市公司仅申请了 15 件专利。从企业的资产规模来看，资产规模前 10% 和后 10% 的上市公司在创新基尼系数的表现上存在较大差异。资产规模较大的上市公司其创新基尼系数约在 0.7~0.8，与整体样本的创新基尼系数大致相同，资产规模较小的上市公司其创新基尼系数约在 0.5~0.7。这说明：①资产规模较大的上市公司之间创新差距较大，资产规模较小的上市公司之间创新差距相对较小。同样，以 2006 年为例，在资产规模前 10% 的上市公司中，专利申请量的最大值为 2745，3/4 分位数值为 102，而在资产规模后 10% 的上市公司中，专利申请量的最大值仅为 117，3/4 分位数值为 7，即资产规模越大的上市公司其创新差距也越大。②上市公司的创新差距主要由资产规模较大的企业导致，规模较小的上市公司加剧了整体的创新差距，因此，与资产规模较大的上市公司相比，整体样本的创新差距更大。Schumpeter（1934）认为大企业更具有创新性，这与本书的数据特征一致，说明创新是企业进行"创造性破坏"的手段（见图 3-4）。

图 3-4　创新基尼系数

资料来源：根据国泰安（CSMAR）数据库上市公司研发创新数据资料计算得到。

2. 专利结构

进一步，将专利分为发明专利、实用新型专利和外观设计专利。2003~2017 年，发明专利和实用新型专利占专利总量的比重呈现出增长趋势，而外观设计专利占比呈现出逐年下降的趋势，如图 3-5 所示。这说明在建设科技强国战略的重要支撑下，中国正由"专利大国"向"专利强国"转变。此外，企业间各类专利的基尼系数也存在差异，如图 3-6 所示。在样本期内，外观设计专利的不平衡性相对较大，说明外观设计专利主要集中于部分企业，而且在 2006 年、2009 年和 2015 年出现了较大的波动。其次是发明专利，基尼系数维持在 0.81～0.88，最后是实用新型专利，基尼系数维持在 0.79～0.83。尽管发明专利和实用新型专利的基尼系数相对较低，但也位于较高区间内，正如前文中提到的，专利数量在企业间确实存在较大的差距。

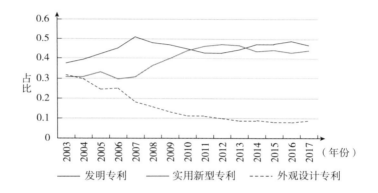

图 3-5　各类专利占比

资料来源：根据国泰安（CSMAR）数据库上市公司研发创新数据资料计算得到。

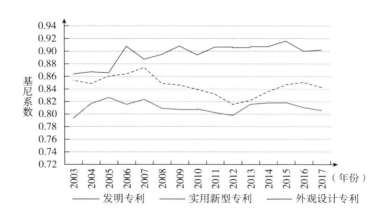

图 3-6　各类专利基尼系数

资料来源：根据国泰安（CSMAR）数据库上市公司研发创新数据资料计算得到。

接下来，考虑到外观设计专利具有占比较小、不平衡性较大的特点，为深入了解各类专利对整体创新基尼系数的影响，本书进一步对创新基尼系数进行分解，如表3-6所示。①基尼相关系数。2005~2017年，发明专利和实用新型专利的基尼相关系数相对较高。②根据各类专利对创新基尼系数的贡献率可知，2017年，发明专利最高（48.35%）、实用新型专利次之（43.31%）、外观设计专利最低（8.34%）。这说明各类专利对创新基尼系数的贡献率与其占专利申请量的比例具有一致性排序。③边际效应。发明专利对创新的不均等具有正向影响，实用新型专利和外观设计专利具有负向影响，说明发明专利的增加会扩大企业间的创新差距。以2017年为例，发明专利的均值每提高1%，创新基尼系数就会提高1.36%；而实用新型专利和外观设计专利的均值每提高1%，创新基尼系数分别会降低0.92%和0.44%。特别地，2007年，发明专利对创新基尼系数的边际效应为2.24%，达到样本区间内的峰值，随后出现下降趋势，直至2016年其边际效应上升至1.61%。而且，2007年和2016年前后，实用新型专利和外观设计专利的边际效应也出现相似特征。这说明，在2007年和2016年前后出现了影响企业创新行为的外生冲击。据此，本书推测这可能与环境信息披露制度有关。

3. 企业所属地区

同样，本章也考虑了我国地区间经济、贸易发展的不平衡对专利数量和专利结构的影响，如图3-7~图3-11所示。整体上，与地区经济发展水平呈现出同样的不平衡性。在2003~2017年，我国东部地区的专利申请量较多，约为全国总量的4/5。这主要是由于创新依赖于人力资本与物质资本的投入，而东部地区在历史发展的过程中占据了领先优势，在经济体量和人才吸引等方面优于其他地区。图3-8~图3-11分别展示了东部、中部、西部和东北地区的专利结构。可以发现，四大地区的外观设计专利均表现出下降趋势，这一趋势符合我国专利申请的整体规律。专利结构中占比变化最大的是实用新型专利，这一特征事实在四大地区均有明显表现。四大地区的发明专利占比均有不同程度的提高，2003年，东部、中部、西部和东北地区的发明专利占比分别为40.17%、32.84%、19.64%和36.62%，2017年这一比重分别上升至48.03%、41.21%、42.50%和49.22%。这说明我国专利结构具有不断优化的特征，专利质量不断提升。

表3-6　创新基尼系数分解

	年份	2003	2004	2005	2006	2007	2008	2009	2010	2011	2012	2013	2014	2015	2016	2017
发明专利	X_k	0.3743	0.3929	0.422	0.4515	0.5110	0.4805	0.4701	0.4495	0.4278	0.4285	0.4454	0.4738	0.4761	0.4904	0.4699
	G_k	0.8538	0.8485	0.8604	0.8638	0.8740	0.8487	0.8462	0.8393	0.8317	0.8157	0.8221	0.8362	0.8466	0.8505	0.8426
	R_k	0.8885	0.9002	0.9230	0.9382	0.9559	0.9501	0.9562	0.9567	0.9601	0.9634	0.9697	0.9720	0.9745	0.9773	0.9726
	贡献率	0.3859	0.4009	0.4352	0.4616	0.5334	0.4977	0.4829	0.4620	0.4368	0.4338	0.4489	0.4826	0.487	0.5065	0.4835
	边际效应	0.0116	0.0080	0.0132	0.0101	0.0224	0.0172	0.0128	0.0125	0.0091	0.0053	0.0035	0.0088	0.0109	0.0161	0.0136
实用新型专利	X_k	0.3082	0.3090	0.3313	0.2969	0.3069	0.3624	0.3984	0.4392	0.4631	0.4731	0.4680	0.4370	0.4439	0.4307	0.4423
	G_k	0.7935	0.8167	0.8265	0.8154	0.8237	0.8091	0.8072	0.8081	0.8024	0.7980	0.8158	0.8181	0.8184	0.8106	0.8060
	R_k	0.8588	0.8765	0.9085	0.9107	0.9253	0.9325	0.9496	0.9567	0.9622	0.9660	0.9699	0.9654	0.9692	0.9685	0.9676
	贡献率	0.2854	0.2955	0.3230	0.2781	0.2923	0.3513	0.3877	0.4347	0.4572	0.4699	0.4682	0.4326	0.4365	0.4201	0.4331
	边际效应	-0.0228	-0.0136	-0.0083	-0.0188	-0.0147	-0.0111	-0.0107	-0.0045	-0.0059	-0.0033	0.0002	-0.0045	-0.0074	-0.0106	-0.0092
外观设计专利	X_k	0.3175	0.2981	0.2467	0.2516	0.1820	0.1571	0.1315	0.1113	0.1091	0.0984	0.0866	0.0892	0.0800	0.0789	0.0878
	G_k	0.8639	0.8672	0.8656	0.9078	0.8873	0.8947	0.9082	0.8940	0.9066	0.9057	0.9072	0.9073	0.9159	0.8999	0.9019
	R_k	0.8818	0.8794	0.8723	0.9034	0.8641	0.8365	0.8532	0.8109	0.8371	0.8393	0.8346	0.8368	0.8422	0.8321	0.8386
	贡献率	0.3287	0.3037	0.2418	0.2603	0.1743	0.1511	0.1293	0.1033	0.1059	0.0963	0.0829	0.0849	0.0765	0.0734	0.0834
	边际效应	0.0112	0.0056	-0.0049	0.0087	-0.0077	-0.0061	-0.0021	-0.008	-0.0032	-0.002	-0.0037	-0.0043	-0.0035	-0.0055	-0.0044

资料来源：根据国泰安（CSMAR）数据库上市公司研发创新数据资料计算得到。

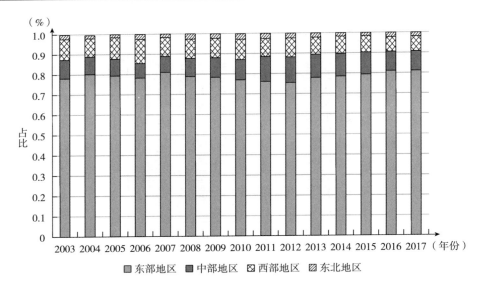

图 3-7　四大地区各类专利申请情况占比

资料来源：根据国泰安（CSMAR）数据库上市公司研发创新数据资料计算得到。

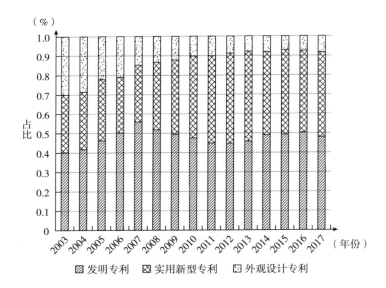

图 3-8　东部地区各类专利申请情况占比

资料来源：根据国泰安（CSMAR）数据库上市公司研发创新数据资料计算得到。

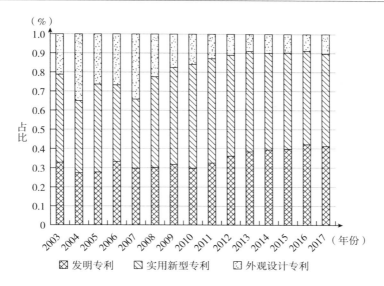

图 3-9 中部地区各类专利申请情况占比

资料来源：根据国泰安（CSMAR）数据库上市公司研发创新数据资料计算得到。

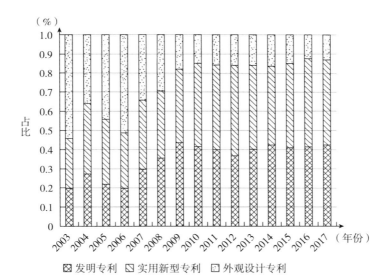

图 3-10 西部地区各类专利申请情况占比

资料来源：根据国泰安（CSMAR）数据库上市公司研发创新数据资料计算得到。

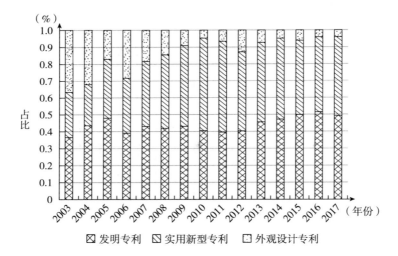

图 3-11　东北地区各类专利申请情况占比

资料来源：根据国泰安（CSMAR）数据库上市公司研发创新数据资料计算得到。

此外，本书进一步分析了四大地区的专利结构对创新基尼系数的影响。由表 3-7 可以看出，2003～2017 年，四大地区的发明专利和实用新型专利对基尼系数的贡献率均在 40% 以上，说明发明专利和实用新型专利是我国专利布局不平衡的主要来源。从地区内部来看，西部地区和东北地区的发明专利对基尼系数贡献率的增幅更大，分别由 2003 年的 10.36% 和 25.77% 上升至 42.23% 和 51.36%；同样地，西部地区和东北地区的实用新型专利对基尼系数贡献率的增幅更大，分别由 2003 年的 26.47% 和 24.66% 上升至 44.12% 和 45.94%。这说明，西部地区和东北地区创新差距的主要来源是发明专利和实用新型专利，而且随着时间的推移发明专利和实用新型专利在西部地区和东北地区的差距越来越大。

表 3-7　四大地区各类专利的贡献率

年份	东部地区			中部地区			西部地区			东北地区		
	发明专利	实用新型专利	外观设计专利	发明专利	实用新型专利	外观设计专利	发明专利	实用新型专利	外观设计专利	发明专利	实用新型专利	外观设计专利
2003	43.15	27.48	29.37	35.64	41.49	22.87	10.36	26.47	63.17	25.77	24.66	49.57
2004	43.13	28.29	28.59	24.60	35.39	40.01	21.13	39.56	39.31	54.69	8.19	37.12

年份	东部地区			中部地区			西部地区			东北地区		
	发明专利	实用新型专利	外观设计专利	发明专利	实用新型专利	外观设计专利	发明专利	实用新型专利	外观设计专利	发明专利	实用新型专利	外观设计专利
2005	48.34	30.63	21.03	24.97	49.69	25.34	16.79	34.09	49.12	51.77	37.12	11.11
2006	52.48	26.69	20.83	29.54	38.86	31.60	14.97	28.41	56.63	38.99	32.25	28.76
2007	58.77	27.58	13.65	23.85	36.29	39.86	26.21	36.26	37.53	38.58	44.45	16.97
2008	54.26	33.43	12.31	26.38	49.20	24.42	33.84	34.33	31.83	39.23	47.62	13.15
2009	51.07	37.06	11.87	29.02	52.06	18.91	44.16	37.84	18.00	38.07	52.95	8.98
2010	49.21	41.52	9.27	27.42	56.65	15.93	41.53	43.20	15.28	36.52	60.29	3.19
2011	46.32	44.09	9.60	31.13	55.51	13.36	39.41	43.49	17.10	34.85	59.92	5.23
2012	45.80	45.94	8.26	35.79	52.85	11.36	33.76	48.15	18.09	39.15	47.06	13.79
2013	46.43	46.28	7.29	37.64	53.58	8.78	38.43	43.54	18.03	45.55	46.81	7.64
2014	50.07	42.46	7.47	39.13	51.34	9.53	41.40	39.98	18.62	49.35	48.26	2.39
2015	50.66	42.87	6.47	38.99	50.69	10.31	40.11	42.76	17.13	51.44	43.21	5.35
2016	52.21	40.95	6.83	42.52	48.91	8.57	40.54	45.96	13.5	52.88	44.58	2.53
2017	49.57	42.73	7.70	40.79	47.9	11.31	42.23	44.12	13.65	51.36	45.94	2.70

资料来源：根据国泰安（CSMAR）数据库上市公司研发创新数据资料计算得到。

4. 企业所有制

党的十八届三中全会明确指出："公有制经济和非公有制经济都是社会主义市场经济的重要组成部分，都是我国经济社会发展的重要基础。"在经济社会发展过程中，国有企业具有"稳定"功能，民营企业具有"发展"功能。已有大量文献分析了不同所有制企业在创新方面的表现。本章参照寇宗来和刘学悦（2020）的构建方法，用每十亿元资产总额的专利申请量表示企业的专利比率，分析国有企业和民营企业的创新表现，如图 3-12 所示。整体上，国有企业和民营企业的专利申请投入占比表现出逐年递增的趋势，而在 2008 年金融危机发生后，对民营企业的创新投入影响较大。但是，在样本区间内，民营企业的专利比率高于国有企业。这说明，民营企业在创新领域较为活跃。这可能是由于民营企业的生存压力较大，进行创新以颠覆市场格局，提高在竞争性产业领域的竞争力，而国有企业在工资奖励、干部任用和股权激励等方面对创新的激励作用较弱，但也为民营企业的发展提供人才储备（杜龙政等，2019）。

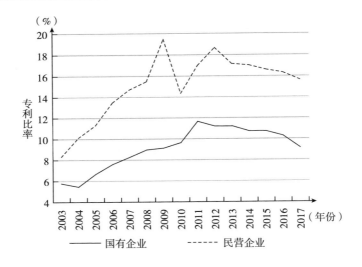

图 3-12　不同所有制企业的专利比率

资料来源：根据国泰安（CSMAR）数据库上市公司研发创新数据资料计算得到。

5. 企业所属行业

中华人民共和国成立以后，高度计划化的形式将短缺的要素资源集中于重工业领域，重工业优先发展的战略实现了我国国民经济的快速增长和工业化建设，也带来了环境污染和生态环境的破坏。近年来，可持续发展道路成为世界各国的普遍共识，我国经济发展目标也由"高速增长"转向"高质量发展"，高能耗、高污染的重工业面临较大的绿色转型压力。故与非重污染企业相比，重污染企业的创新行为受制度影响的反应较大。据此，本章区分了企业所属行业的污染程度，将样本企业分为重污染企业和非重污染企业，并计算了 2003～2017 年的创新基尼系数。如图 3-13 所示，2003～2014 年，重污染企业的创新基尼系数高于非重污染企业，说明重污染企业对创新活动的重视程度存在较大的个体差异。然而，在 2014 年之后，重污染企业的创新基尼系数急剧下降，低于其他非重污染企业。这可能由于新《环境保护法》实施的外生冲击对重污染企业影响更大，以下两种效果都可能提高专利申请量的平衡性：一是根据"波特假说"，环境规制促进企业创新水平的提升，原本创新水平较低的企业提高了专利申请数量；二是环境规制挤压了企业的生产成本，使原本创新水平较高的企业降低了专利申请量。针对这一问题，本章进一步统计了 2013 年以来重污染企业的专利申请情况，发现重污染企业的专利申请数量由 2013 年的 123290 件增加到 2017 年的 234256

件，即支持第一种可能性。这在一定程度上验证了"波特假说"在重污染企业样本中是成立的。

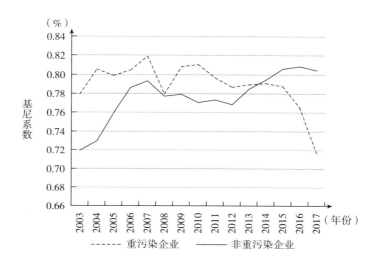

图 3-13 不同污染程度企业的基尼系数

资料来源：根据国泰安（CSMAR）数据库上市公司研发创新数据资料计算得到。

三、本章小结

本章分析了沪、深 A 股上市公司环境信息披露和专利申请情况的特征事实。主要包括两个部分：一是环境信息披露的概况描述，主要是对上市公司环境信息的披露数量和质量进行了分析。二是企业创新行为的概况描述，主要是以上市公司的专利申请量作为研究对象，分析了上市公司在资产规模、所有制性质、所属行业和地区等方面的特征事实。通过上述分析，本章发现：

第一，环境信息披露方面。其一，自 2006 年深圳证券交易所率先出台《深圳证券交易所上市公司社会责任指引》要求公司制定整体环境保护政策以来，沪、深 A 股上市公司在环境信息披露方面的表现逐渐改善，环境信息已经成为社会责任报告的重要组成部分。其二，上市公司披露的环境信息内容存在较大差异，具体表现为披露内容的不全面。其三，上市公司披露内容的表现形式存在差异，存在定性描述和定量描述两种形式，这与信息的披露质量直接相关。此外，本章发现新《环境保护法》的实施对重点监控企业具有威慑力，可以提高企业环境信息的披露质量。其四，制造业行业是我国披露主体的主要构成，与其他行业披露总量基本持平，且披露趋势基本一致，即全行业均受环境信息披露制度的影响。其五，企业的环境信息披露数量可能与所在地区的经济发展水平、环境规制力度等因素有关，东部地区的披露数量远高于其他地区。

第二，创新行为方面。其一，上市公司的创新行为存在较大差异，具体表现在资产规模越大的企业拥有的专利数量越多。其二，2003~2017年，我国专利结构不断优化、质量不断提高，上市公司申请的外观设计专利占比逐年下降，且主要集中于部分上市公司。其三，从专利布局来看，我国专利主要集中于东部地区，而且专利布局的不平衡性主要来自于地区间发明专利和实用新型专利的差距。其四，从企业所有制来看，国有企业相比民营企业在专利投入方面的比重较低。其五，从企业污染程度来看，重污染企业的创新基尼系数在2003~2017年呈现下降趋势。有趣的是，2015年新《环境保护法》正式实施后，提高了重污染企业的专利申请量，缩小了企业间专利申请的不平衡性。

第四章　环境信息披露对企业创新水平的影响

环境信息披露是推动资本市场支持生态文明建设的有效工具，能否提升企业的创新水平，是新时代实现生态环境保护和经济发展"双赢"的重要保障。本章从理论层面分析了环境信息披露对企业创新水平的影响及作用机制，并将2003~2017年沪、深A股上市公司的微观面板数据作为研究样本，采用双重差分倾向得分匹配法（PSM-DID）进行"反事实"分析，系统性地研究了环境信息披露对企业创新水平的影响及作用机制。

一、环境信息披露对企业创新水平的影响及作用机制

企业实际管理者与所有者的代理问题和信息不对称问题一直是传统公司治理中的重要问题。比如，管理者一般知晓实际经营过程中较为全面的环境信息，他们出于自利动机或是机会主义可能会选择隐瞒部分重要的或负面的环境信息，致使所有者无法及时、有效地预估企业的环境风险，也影响管理者未来经营决策和技术改进方向的有关决策，最终背离追求股东利益或企业价值最大化的经营目标。正是由于这种内部控制特征的先天性，在一定程度上提高了企业的风险水平并降低了对企业创新的保障程度，对创新活动的开展和持续的投入具有消极作用（倪静洁、吴秋生，2020）。此外，传统文化塑造的信任关系已经对社会环境产生深远影响，企业凭借其社会信任所获得较多的商业信用融资，进而提高发明专利申请量（李双建等，2020）。然而，代理问题和信息不对称问题极易导致社会公

众环境知情权的缺失并可能引发企业环境失信行为，从而降低投资者和其他利益相关者的信任度，也会对企业创新产生消极影响。环境信息披露制度的出台在一定程度上缓解了信息的不对称性。股东、投资者和其他利益相关者将企业披露的环境信息作为风险管理和财务责任的指标，从而影响企业的行为决策（Hamilton，1995）。而且，环境信息披露也是企业获得、维持或修复组织合法性地位的有效手段。信息的传递通过提升企业的合法性地位可以获得利益相关者的理解、支持和信任，为企业实施创新战略创造不可或缺的条件（赵晶、孟维烜，2016）。同时，环境信息披露可以抑制商誉泡沫，提高商誉估值的公允性，降低股价崩盘和市场风险，企业"绿色善意"的表现可以获得投资者的信任和赞赏，更容易进入资本市场（Clarkson et al.，2004；许罡，2020）。已有研究表明，环境信息的披露能够降低代理成本（胡俊南、王宏辉，2019）、增加研发投入（Inoue，2016）等。据此，本章提出环境信息披露能够提高企业创新水平的理论假说。接下来，主要讨论了环境信息披露对企业创新水平的作用机制。

产业组织理论认为，创新投资与一般投资的不同之处在于：①不确定与高风险性。②资产专用性与高转换成本。③弱独占性与正外部性。因此，企业创新活动的开展需要依赖于一定的市场地位和资源，离不开稳定的研发资本和人力资本的投入（Aghion and Howitt，1992；Nelson and Phelps，1966）。本部分主要讨论了环境信息披露如何影响研发资本和人力资本，以及其对企业创新的作用。

（一）研发资本

内源融资和外源融资是企业资金的重要来源，研发资金的投入为企业提供了长期获取并保持竞争优势的可能。本部分将资金来源划分为内源融资和外源融资，并探讨其对创新的影响。①内源融资，即企业对经营活动获得资金的投资转化过程。基于信息不对称假设的优序融资偏好理论认为，企业的融资优选顺序是内部融资、债务融资和股权融资（Myers and Majluf，1984）。由于创新本身的高风险性、不确定性、高转换成本和正外部性，创新成本比一般投资的资金成本更高，投资者往往会对创新投资存在更高的风险溢价要求。因此，企业首先依赖于内源融资进行创新投资，已有文献也表明了内部资金是创新融资的主要融资渠道（鞠晓生，2013；庄芹芹，2020）。②外源融资，包括股权融资、债务融资和政府补助。当企业面临内部盈余不足、现金流量受限等资金情况时，可能导致创新投资不能达到最优水平，企业则更加偏向于通过外部融资途径来满足创新投资的需求。同时，外源融资的结构也会影响到企业的创新投资。例如，李汇东等（2013）回答了"企业更倾向于用谁的钱进行创新"这一问题，揭示了融资结构与创新投资的深层次关系，认为内源融资和外源融资均能显著促进创新投资，而且后者对创新投资的促进作用更大，外源融资中政府补助、股权融资、债务融资的促进效应依次递减。此外，李真等（2020）在对中国制造业上市公司创新研发投资的研究中发现：从促进企业创新的贡献率来看，首先是股权融资对创新投资的贡献度最大，其次是政府财政补助；然而，股权融资由于受企业经营状况和系统性风险的影响容易增加创新投资的波动性，内源融资和政府财政补助在短期内平滑股权融资的波动，具有"稳定器"作用。

　　企业的环境信息披露行为能够影响融资成本。简而言之，ESG 表现好的企业可以降低融资成本，并通过提升信息披露质量得以加强（邱牧远、殷红，2019）。这是因为，投资者根据企业在年报中披露的环境信息进行投资风险的评估，从而减少信息的不对称程度，改善投资者对企业的认知，并降低企业的权益资本成本（沈洪涛等，2010），而且披露更多积极的信息可以为投资者降低不可分散的估计风险，通过信息增量效应提高外部利益相关者对企业的评价，从而提高企业股价，有利于降低股权融资成本（Botosan，1997；Clarkson et al.，2013）。环境信息作为社会责任信息的重要组成部分，除缓解信息不对称外，还可以帮助企业建立并维护声誉，有助于提升具有社会责任感的债权人对债务人偿债能力的预估，降低债权人对借款的索求水平，从而降低企业的债务融资成本（王建玲等，2016）。例如，Zhao 等（2013）将 2008~2012 年沪、深两市火电行业上市公司作为研究样本，发现企业的社会责任感逐渐增强，环境战略正逐渐纳入企业的经营管理中，而且企业的环境信息披露行为显著降低了债务融资成本；Luo 等（2019）的研究也肯定了重污染行业环境信息公开质量的提升可以显著降低债务融资成本这一结论。因此，本书认为环境信息披露可以通过降低融资成本提高企业的创新水平。

（二）人力资本

　　以 Lucas（1988）、Romer（1990）为代表的新增长理论，提出人力资本积累对技术进步具有重要作用。技术进步离不开创新活动，大量文献从微观视角，研究了人力资本对企业创新的影响。例如，Marvel 和 Lumpkin（2007）发现科技企业家的工作经验、教育水平和先备知识对创新产出具有重要作用。国内学者顾琴轩和王莉红（2009）得出与之类似的结论，但认为工作经验对创新行为的影响更强，这主要得益于边干边学中积累的隐性知识。此外，高管团队的特征也会影响技术创新，诸如性别、年龄、学历、专业背景、职能背景和团队异质性等。因此，企业人力资本的积累与高管特征均与企业创新密切相关。

企业环境责任作为社会责任的一部分，对于雇主吸引力和员工承诺的决定因素变得越来越重要，绿色战略、绿色技术、绿色文化等对企业的环境声誉和员工承诺存在积极影响，通过推行与环境相关的差异化战略，可以吸引具有环境意识、致力于环境可持续性的人才（Jackson et al.，2011；Dögl and Holtbrügge，2013）。目前，关于环境信息披露对人力资本影响的研究相对缺乏，因此从社会责任框架下进行分析。根据信号传递理论以及社会认同理论，企业履行社会责任向外界传递出的积极信号能够提高企业声誉，从而有利于吸引更多高质量的人力资本。同时，内部员工也能够接收到局外人对企业释放的正面信号，并因与公司之间的从属关系感到自豪，从而增强对企业的认同感。因此，企业社会责任绩效也被视作公司与员工保持积极关系的有效途径（Turban and Greening，1997；Kim et al.，2010）。此外，企业创新活动本质上是不确定性较高的冒险活动，管理层的短视行为和员工的离职都会增加这种不确定性。吴迪等（2020）从企业战略和员工角度提出了社会责任对企业创新的影响机制，具体来说，在社会责任意识较强的企业中，管理层不会只关注短期收益，对创新失败的容忍度相对较高，也会为员工提供全面的职业发展、安全保障等服务，从而使员工具有较高的职业安全感，对于因创新失败而被辞退的担忧较少。另外，社会责任感较强的企业更倾向于对员工进行股权激励，避免不必要的人才流失，员工持股计划通过"利益绑定"功能提高了员工的稳定性，从而有助于提高企业的创新产出（孟庆斌等，2019）。因此，环境信息披露可以向公众传递出企业积极履行社会环境责任的信号，由于企业环境失责、污染曝光等负面突发事件导致停产、停业的概率较低，更容易获得社会及员工的认同感，相对于社会环境责任感较弱的企业，员工的安全感更高，有助于企业员工的稳定性和人力资本的积累，为企业的创新活动提供必要的人力资本。

二、模型设定与数据处理

（一）研究方法的选择

政策评估逐渐成为社会科学研究中的一项重要内容，而且越来越重视变量之间的"因果关系"。借鉴自然科学中实验的理念，社会科学领域也开始关注实验条件的变化对结果变量的影响，并逐渐形成一套定量的研究方法。但不同的是，自然科学可以根据不同的实验条件进行多次重复实验，而社会科学需要基于现实以探索发展规律，对于某项事件的发生通常不具有可重复性。Rosenbaum 和 Rubin（1983）提出的倾向得分匹配方法在一定程度上解决了这一问题，其基本思想是构建"准自然实验"，即尽可能地使其他因素保持一致，得到政策实施对于受政策影响的样本与未受政策影响的样本在结果变量上的净差异。

具体地，将某一政策的实施作为外生于经济系统的"准自然实验"，考察该政策对结果变量的影响，即得到受政策影响样本（$D_i = 1$）的结果变量（y_{1i}）与未受政策影响样本（$D_i = 0$）的结果变量（y_{0i}）的差值。据此，利用匹配的思想，通过选择某些可观测的特征使处理组中的个体与对照组的个体特征尽可能相似，从而使对照组也有相同的概率受政策影响，并满足（Y_{0i}，Y_{1i}）$\perp D_i \mid X_i$，即结果变量与是否受政策影响无关。然后，得到政策的平均处理效应：

$$ATT = E[Y_{1i} \mid D=1] - E[Y_{0i} \mid D=0]$$
$$= (E[Y_{1i} \mid D=1] - E[Y_{0i} \mid D=1]) + (E[Y_{0i} \mid D=1] - E[Y_{0i} \mid D=0])$$

$$(4-1)$$

需要注意的是，双重差分倾向得分匹配法（PSM-DID）的有效性需要满足以下假设前提：①条件独立假设，实验处理效应严格外生，结果变量与是否受政策影响无关；②重叠假设，处理组与对照组倾向得分取值的范围（$0 < \text{prob}(D=1 \mid x) < 1$）有重合部分；③平衡性假设，匹配后的处理组与对照组不存在显著性差异。

（二）计量模型的设定

本章为了考察环境信息披露对企业创新水平的影响，将 2003～2017 年沪、

深 A 股上市公司的微观数据作为研究样本，并采用双重差分倾向得分匹配法
（PSM-DID）进行经验研究。具体步骤如下：首先，根据企业的不同特征，诸如
企业规模、经营年限等基本信息以及资产负债率等财务指标，对每个企业可能进
行环境信息披露的概率进行计算，即 $p(x) = \Pr(Disclosure = 1 \mid X = x)$。其次，
根据是否披露环境信息将样本分为处理组（披露环境信息）和对照组（未披露
环境信息），并将处理组与对照组进行匹配，以得到与处理组得分相近的对照组。
最后，分别计算处理组其创新水平的前后变化（$y_{1ti} - y_{0t'i}$）以及与处理组相匹配
的对照组其创新水平的前后变化（$y_{0tj} - y_{0t'j}$），在此基础上进行回归，得到环境信
息披露对企业创新水平的平均处理效应，如式（4-2）所示：

$$\hat{\tau}_{ATT}^{PSM-DID} = \frac{1}{N_1} \sum_{i \in I_1 \cap S_p} \left\{ (y_{1ti} - y_{0t'i}) - \sum_{i \in I_1 \cap S_p} W(i, j)(y_{0tj} - y_{0t'j}) \right\} \tag{4-2}$$

其中，i 为处理组，即披露环境信息的上市公司；j 为对照组，即未披露环境
信息的上市公司；t 为事后区间；t' 为事前区间；y 为结果变量，即企业的创新水
平，用上市公司的专利授权量表示。则 y_{1ti} 和 $y_{0t'i}$ 分别表示处理组事后披露和事
前未披露环境信息的专利授权量，y_{0tj} 和 $y_{0t'j}$ 分别表示对照组事后事前均未披露环
境信息的专利授权量。$\hat{\tau}_{ATT}^{PSM-DID}$ 表示的是环境信息披露对企业创新水平的平均处理
效应。如果 $\hat{\tau}_{ATT}^{PSM-DID}$ 为正且显著，则表明环境信息披露可以提高企业的创新水平，
具有创新提升效应。

梳理相关文献，本章选取了以下控制变量 X_{it}：

（1）企业规模（lnsize）。通常认为，企业规模越大，其研发资本和人力资本
越丰富，具体表现在外部融资的可获得性以及对高技能员工的吸引等方面，这为
创新提供了良好的资源配置。现有研究越来越重视人力资本对企业创新的影响，
发现员工福利、在职培训对企业创新绩效存在积极作用。因此，在指标选取上，
本章用上市公司在册（在职）员工人数的对数值表示企业规模。

（2）企业经营年限（age）。企业经营的时间越长，发展经验越丰富，可以
凭借经验更加精准地把握未来研发方向。本章使用如下计算公式计算企业的经营
年限：企业经营年限=当年年份-企业成立年份。

（3）股权集中度（ten）。股权集中度是反映上市公司股权结构的重要内容，
股权集中度越高的公司，其大股东与中小股东会面临更加严重的第二类代理问
题，大股东可能凭借自身对企业的控制能力，存在转移资源、资金占用等影响企
业创新的异化行为。而且，高度集中的股权结构使大股东更加注重私人利益，在

创新方面较为保守。本章选取前十位大股东持股比例之和来表示股权集中度。

（4）企业资产负债率（*lev*）。资产负债率反映的是企业总资产中的债务构成，是衡量企业财务状况的关键指标。资产负债率越高，则代表负债在企业总资产中的占比越高。但是，对于资产负债率如何影响企业创新并未形成统一结论。一方面，负债占比越高说明企业可以获得更多的债务融资促进企业创新；另一方面，负债占比越高越不利于研发资金的稳定，对创新投入的持续性产生消极影响。本章使用负债合计与资产总计的比值表示企业资产负债率，该值越小说明企业的偿债能力越强。

（5）总资产周转率（*atr*）。总资产周转率可以反映企业全部资产的管理质量和使用效率。资产周转率较高的企业通常意味着产出较高，能够分摊固定生产成本，采取的是成本领先战略；反之，采取的是差异化战略。因此，对企业创新存在不同的影响。在指标选取上，用营业收入与平均资产总额的比值表示企业的总资产周转率，该值越大说明资产使用效率越高。其中，平均资产总额＝（资产合计期末余额+资产合计上年期末余额）/2。

（6）总资产净利润率（*roa*）。总资产净利润率反映的是企业利用资产总额获取利润的能力。企业的总资产净利润率会影响股东进一步的经营决策，进而影响企业的创新产出。本章使用净利润与平均资产总额的比值表示总资产净利润率。

（7）财务杠杆（*dfl*）。由于研发创新需要投入较多的资金，适度的杠杆率可以发挥"财务杠杆放大效应""税盾效应""信号传递效应"和"负债控制效应"，营造稳定的投资环境，保障创新活动的持续开展（王玉泽等，2019）。在指标选取上，本章选取净利润、所得税费用和财务费用之和与净利润、所得税费用之和的比值表示财务杠杆。

（8）账面市值比（*mtb*）。已有实证研究表明，该指标越高说明公司股票的未来报酬率越高（Lakonishok，1994）。根据国泰安数据库指标的构建方法，采用资产总计与市值的比值来表示账面市值比。

（三）样本选择与数据处理

根据企业的特征进行匹配后，本章最终利用 2003～2017 年沪、深 A 股 1144家上市公司的微观数据进行实证分析。需要进一步说明的是，本章之所以将上市公司作为研究对象主要考虑了以下两点原因：①深圳证券交易所和上海证券交易所对社会环境责任的重视已逐渐显现，分别于 2006 年和 2008 年发布了《深圳证券交易所上市公司社会责任指引》和《上海证券交易所上市公司环境信息披露指引》；此外，2007 年国家环境保护总局（现为中华人民共和国生态环境部）发布的《环境信息公开办法（试行）》也对企业环境信息披露提出了新的要求，但基本停留在鼓励企业进行环境信息披露的层面，这为本章利用"准自然实验"法分析环境信息披露的创新效应提供了可靠的政策依据。②从数据的可获得性来看，上市公司环境信息的披露数据可从公司年报、社会责任报告以及环境独立报告中获得。但对于非上市公司来说，数据的可获得性较低，收集的难度较大，而且在庞大的企业体量中，披露环境信息的企业更是冰山一角。由匹配得到的基础数据可知，自 2007 年起，逐渐有上市公司披露环境信息，披露的企业数量由2007 年的 32 家（上海证券交易所 3 家、深圳证券交易所 29 家）增加至 2017 年的 696 家（上海证券交易所 402 家、深圳证券交易所 294 家）。据此，本章借鉴贾俊雪等（2018）的做法，以 2007 年为界限，将 2003~2006 年和 2007~2017 年分别作为事前区间和事后区间。

研究数据的主要来源如下：①核心解释变量为环境信息披露的虚拟变量，数据来源于国泰安（CSMAR）社会责任数据库。根据第三章的做法，对社会责任报告中是否披露与环境相关的信息进行赋值，如果披露则记为 1，否则为 0；②被解释变量为上市公司的专利授权量，数据来源于国泰安（CSMAR）上市公司与子公司专利数据库；③其他控制变量均来源于国泰安（CSMAR）数据库。

因此，数据处理过程中涉及多个数据表的合并问题。本章利用 Stata16.0 软件并根据上市公司的证券代码和年份进行匹配，得到涵盖上市公司环境信息披露情况、创新水平和其他控制变量的综合性微观数据库。由于受限于股权集中度的数据最早仅能追溯至 2003 年，专利数据截止到 2017 年，本章选取的样本区间为2003~2017 年。进一步，为了使回归结果更加精确、可信，对基础数据集进行了如下处理：①剔除 ST 类、*ST 类的样本；②剔除行业为金融业的样本；③剔除已退市和当年上市的样本；④剔除相关财务指标存在缺失的样本；⑤剔除企业资产负债率、企业规模小于 0 的样本。

（四）数据与描述性统计

企业创新水平是本章的被解释变量，用专利授权量来表示。根据《中华人民共和国专利法》，专利包括发明专利、实用新型专利和外观设计专利，专利的授权需要国家专利管理部门对申请文件进行形式审查或者实质审查。因此，采用专利的授权量可以更加准确地衡量企业的创新水平。本章统计并描述了全样本、处理组和对照组在事前区间和事后区间的专利授权情况。从表4-1可以发现，对于全样本来说，专利授权量的均值由2003～2006年的0.625个单位增加至2007～2017年的1.637个单位，提高了1.012个单位，并在1%的水平上显著；处理组和对照组的结果变量也表现出不同程度的增长，并均在1%的水平上显著。处理组的专利授权量由事前的0.770个单位增长至事后的2.058个单位，提高了1.288个单位；而对照组的专利授权量由事前的0.501个单位增长至事后的1.276个单位，提高了0.775个单位，增加值的绝对变化量低于处理组。

表4-1　结果变量的描述性统计

结果变量	年份	均值（标准差）			D：（2）－（3）（4）
		全样本（1）	处理组（2）	对照组（3）	
Patents_pre	2003～2006	0.625（0.942）	0.770（1.067）	0.501（0.801）	0.269***（0.055）
Patents_post	2007～2017	1.637（1.497）	2.058（1.627）	1.276（1.270）	0.782***（0.086）
Patents（ave）	2003～2017	1.012***（0.032）	1.288***（0.049）	0.775***（0.040）	0.513***（0.063）
样本量		1144	528	616	

注：*、**、***分别表示在10%、5%、1%的水平上显著，"*Patents*（ave）"行和"D：（2）～（3）"列中括号内为t值，其余括号内为标准误。

接下来，本章识别了环境信息披露行为的样本自选择性。具体地说，根据企业规模、企业经营年限、股权集中度、企业资产负债率、总资产周转率、总资产净利润率、财务杠杆和账面市值比等匹配变量，分析处理组和对照组在事前区间的不同特征，表4-2对相关变量进行了描述性统计。由此可知，与对照组相比，处理组具有企业规模较大、股权集中度、总资产周转率和总资产净利润率较高，财务杠杆较低，经营年限较短等特征。据此，本章认为上市公司是否披露环境信息的行为并不是随机的，即环境信息披露不满足随机实验的特征。为了防止样本自选择问题对估计结果造成的偏差，本章采用双重差分倾向得分匹配法（PSM-DID）进行经验研究是合理的。

表 4-2　匹配变量的描述性统计

事前区间	均值（标准差）			D：（2）～（3）（4）	倾向得分（5）
	全样本（1）	处理组（2）	对照组（3）		
lnsize_pre	7.306 (1.304)	7.502 (1.353)	7.138 (1.237)	0.364*** (4.755)	0.117*** (0.000)
age_pre	6.401 (3.495)	5.888 (3.564)	6.841 (3.375)	-0.953*** (-4.637)	-0.032** (0.006)
ten_pre	60.092 (12.172)	61.390 (12.770)	58.980 (11.529)	2.410*** (3.354)	0.002 (0.611)
lev_pre	0.754 (6.542)	0.512 (0.441)	0.960 (8.904)	-0.448 (-1.156)	-0.003 (0.851)
atr_pre	0.705 (0.577)	0.747 (0.551)	0.668 (0.596)	0.079** (2.341)	-0.017 (0.808)
roa_pre	0.019 (0.074)	0.036 (0.065)	0.004 (0.077)	0.032*** (7.555)	3.439*** (0.000)
dfl_pre	1.995 (3.788)	1.619 (2.273)	2.318 (4.691)	-0.699*** (-3.121)	-0.029* (0.072)
mtb_pre	0.825 (0.130)	0.827 (0.127)	0.823 (0.133)	0.004 (0.490)	-0.357 (0.271)
样本量	1144	528	616		1144

注：*、**、***分别表示在10%、5%、1%的水平上显著，"D：（2）～（3）"列中括号内为 t 值，"倾向得分"列括号内为 p 值，其余括号内为标准误。

三、估 计 结 果

（一）倾向得分匹配

根据倾向得分匹配的分析步骤，本章首先利用 Probit 模型估计了每家上市公司进行环境信息披露的概率，倾向得分匹配结果如表 4-2 第（5）列所示。由此可以发现，是否进行环境信息披露与企业规模、经营年限、总资产净利润率和财务杠杆有关，再次说明了环境信息披露行为存在样本自选择性。其次，本章采用"k 近邻匹配"的匹配方法，为处理组（$i \in \{Disclosure_{it} = 1\}$）找到对照组（$j \in \{Disclosure_{it} = 0\}$）中倾向得分最为接近的 k 个不同个体，并满足平衡性和共同支撑的基本假设。需要说明的是，在不能精确匹配对照组中个体的情况下，"一对一"匹配可能导致偏差小但方差较大的问题。Abadie 等（2004）建议在一般情况下进行"一对四"的匹配，从而实现均方误差的最小化。据此，本章遵从"一对四"的匹配原则，进行"k 近邻匹配"。

进一步，为保证匹配样本的准确性，对样本的平衡性和共同支撑域进行了检验：第一，平衡性假设的检验。根据表 4-3 中标准化差异的检验结果可知，匹配后变量的标准化差异基本均低于 10%，t 检验的估计结果表明匹配后的处理组和对照组不存在系统性差异。这说明匹配后，披露环境信息与未披露环境信息的上市公司无显著差异，即根据"k 近邻匹配"（$k=4$）方法得到的匹配样本较为精确，处理组与对照组的特征较为相似，满足平衡性假设，匹配结果可靠。第二，共同支撑假设的检验。具体地，本章对样本匹配前后的倾向得分概率分布进行分析，图 4-1 展示了匹配前后倾向得分的核密度函数图。由此可以看出，匹配后处理组和对照组的取值范围一致性较高，且具有较大的重叠区域。这说明，根据"k 近邻匹配"（$k=4$）方法得到的匹配样本具有重叠度较高的取值范围，不会由于共同取值范围较小而导致结果的偏差。因此，本章采取"k 近邻匹配"（$k=4$）方法得到的匹配样本通过了平衡性和共同支撑假设，说明匹配方法合理，匹配样本的质量较高。

表 4-3　平衡性检验结果

变量	样本	均值差异检验			标准化差异检验	
		处理组	对照组	t 检验（p 值）	标准化差异	降幅
lnsize	匹配前	7.502	7.138	4.750***（0.000）	28.100	99.700
	匹配后	7.491	7.489	0.010（0.989）	0.100	

续表

变量	样本	均值差异检验			标准化差异检验	
		处理组	对照组	t 检验 （p 值）	标准化差异	降幅
age	匹配前	5.888	6.841	−4.640*** （0.000）	−27.400	62.500
	匹配后	5.913	5.556	1.640 （0.102）	10.300	
ten	匹配前	61.390	58.979	3.350*** （0.001）	19.800	84.300
	匹配后	61.306	61.685	−0.520 （0.604）	−3.100	
lev	匹配前	0.512	0.960	−1.160 （0.248）	−7.100	96.600
	匹配后	0.513	0.528	−0.340 （0.734）	−0.200	
atr	匹配前	0.747	0.668	2.310** （0.021）	13.800	81.500
	匹配后	0.746	0.760	−0.430 （0.688）	−2.600	
roa	匹配前	0.036	0.004	7.550*** （0.000）	45.100	87.200
	匹配后	0.036	0.032	1.070 （0.286）	5.800	
dfl	匹配前	1.619	2.318	−3.120*** （0.002）	−18.900	83.300
	匹配后	1.622	1.739	−0.760 （0.448）	−3.200	
mtb	匹配前	0.827	0.823	0.490 （0.624）	2.900	−207.400
	匹配后	0.827	0.816	1.450 （0.148）	8.900	
Pseudo R^2	匹配前	0.056				
	匹配后	0.006				

注：＊、＊＊、＊＊＊分别表示在10%、5%、1%的水平上显著。

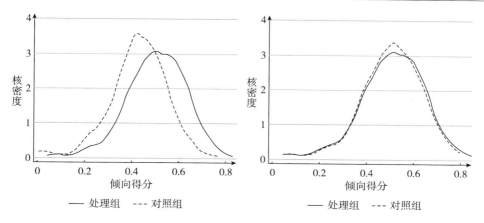

图 4-1 匹配前（左）、匹配后（右）倾向得分的核密度函数图

（二）回归结果分析

1. 基准回归结果

基于"k 近邻匹配"（$k=4$）方法得到的样本，进一步估计了上市公司环境信息披露对专利授权量的平均处理效应。由表 4-4 第（1）列中的结果可知，环境信息披露对企业专利授权量的平均处理效应为 0.254，说明环境信息披露可以提高企业的创新水平，具有创新提升效应。进一步，在"k 近邻匹配"的基础上限制倾向得分的绝对距离为 $|p_i-p_j| \leqslant 0.2$，从而降低邻近匹配样本差距较大的可能，提高数据的可比性，结果如表 4-4 第（2）列所示。结果显示，平均处理效应为 0.253。紧接着，采用"半径卡尺匹配"方法进行匹配。由第（3）列可知，平均处理效应为 0.267，并在 1% 的水平上显著。总体上，可以说明环境信息披露具有显著的创新提升效应。

表 4-4 环境信息披露对企业创新的平均处理效应

	"1 对 4" 匹配 （1）	卡尺内 "1 对 4" 匹配 （2）	半径卡尺匹配 （3）
平均处理效应	0.254 *** （3.330）	0.253 *** （3.320）	0.267 *** （3.730）
处理组	524	521	521
对照组	616	616	616

续表

	"1 对 4" 匹配 （1）	卡尺内 "1 对 4" 匹配 （2）	半径卡尺匹配 （3）
样本量	1140	1137	1137

注：*、**、***分别表示在 10%、5%、1% 的水平上显著，括号内为 t 值。

2. 稳健性检验

第一，更换匹配方法。基准回归中的处理效应是基于"k 近邻匹配"（$k = 4$）方法得到的匹配样本。为了验证研究结果不受匹配方法的影响，该部分则利用内核匹配倾向得分法进行匹配以得到新的样本。由表 4-5 第（1）列可知，环境信息披露对企业专利授权量的平均处理效应为 0.298，并在 1% 的水平上显著。这说明与未披露环境信息的对照组企业相比，披露环境信息的企业对其创新水平的促进作用更明显，与前文结论一致。

第二，使用不同代理指标衡量企业的创新水平。前文中，创新水平使用上市公司的专利授权量进行衡量，发现环境信息披露具有创新提升效应。本部分考虑到专利申请量也能在一定程度上代表企业的创新水平，进而将其作为创新水平的代理指标。由表 4-5 第（2）列发现，环境信息披露对企业专利申请量的平均处理效应为 0.218，并在 1% 的水平上显著。这表明披露环境信息的企业可以提高创新水平，本章的核心结论不随创新代理指标的改变而改变。

第三，处理样本尾部的偏差。不可避免的是，在选择匹配变量时可能忽视较为难以观测的指标，从而使倾向得分分布的尾部样本产生偏差（Black and Smith，2004）。据此，本部分进一步借鉴了贾俊雪等（2018）的做法，分别选取了 2%、5%、10% 的修剪水平，对处理组分布的尾部样本进行剔除。根据表 4-5 第（3）~（5）列可知，在不同的修剪水平上，环境信息披露的平均处理效应均为正，并在 1% 的水平上显著，说明环境信息披露对企业创新水平具有促进作用的结论是可靠的。

第四，进行安慰剂检验。由于本章样本中的上市公司在 2007 年之前均未披露环境信息，从而选取了 2003~2006 年作为样本区间进行安慰剂检验。所以，本部分假定 2003~2006 年处理组已经存在环境信息披露的行为，而对照组仍未进行环境信息披露。那么，如果处理效应显著为正，则说明处理组和对照组的创新水平在事前区间存在差异，不能满足平行趋势的假设前提，双重差分倾向得分匹配法的估计结果不可靠。由表 4-5 第（6）列的安慰剂检验结果可知，平均处理效应不显著，说明在 2003~2006 年，环境信息披露对企业创新水平没有显著影响。据此，本章的基准回归满足平行趋势假设，基准回归结果是稳健的。

表 4-5　环境信息披露对企业创新的稳健性检验

	内核匹配 （1）	专利申请量 （2）	修剪水平			安慰剂检验 （6）
			2% （3）	5% （4）	10% （5）	
平均处理效应	0.298*** （4.400）	0.218*** （2.720）	0.240*** （3.150）	0.230*** （2.970）	0.246*** （3.140）	0.019 （1.070）
处理组	524	524	515	499	473	524
对照组	616	616	616	616	616	616
样本量	1140	1140	1131	1115	1089	1140

注：*、**、*** 分别表示在 10%、5%、1%的水平上显著，括号内为 t 值。

3. 动态效应估计

由第三章可知，上市公司进行环境信息披露的年限不一，存在多期披露的情况。因此，该部分考虑了企业在披露年限方面的差异，并借鉴 Beck 等（2010）的做法，进一步研究了环境信息披露创新提升效应的动态效果，模型构建如下：

$$\ln Patent_{it} = \alpha + \beta_1 Disclosure_{it}^{-14} + \beta_2 Disclosure_{it}^{-13} + \cdots + \beta_{24} Disclosure_{it}^{+10} + A_i + B_t + \varepsilon_{it}$$

$$(4-3)$$

其中，i 为企业；t 为年份；$Patent_{it}$ 为企业 i 第 t 年的专利授权量，表示企业的创新水平；$Disclosure_{it}$ 为企业 i 是否披露环境信息的二元虚拟变量。如果上市公司 i 披露环境信息，则进一步根据披露年份与当期年份 t 的差值确定变量的上标。具体地，如果在当期 t 之前，企业已经披露了 h 期的环境信息，则记为 $Disclosure_{it}^{+h} = 1$；进行环境信息披露前 h 年的值为 1，记为 $Disclosure_{it}^{-h} = 1$。图 4-2 汇报了环境信息披露与企业授权专利增长率的动态趋势。其中，实线反映了环境信息披露对企业授权专利增长率的边际效应，虚线表示在 95%置信区间内的估计结果。整体而言，与企业披露环境信息前相比，披露后的边际效应曲线更加陡峭。据此，可以说明环境信息披露后企业创新水平有较大幅度的提升，而且增速随着披露时长的增加而增加。

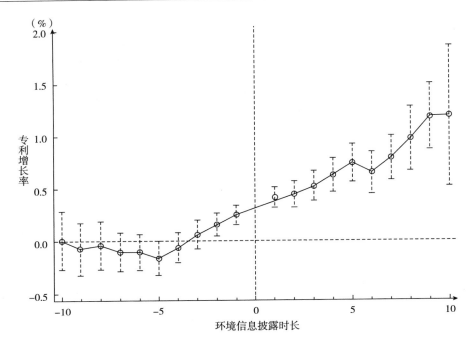

图4-2 环境信息披露对企业创新水平的动态效应

四、环境信息披露对企业创新水平的异质性分析

前文已经从平均处理效应和动态效应两个方面验证了环境信息披露对企业创新水平的提升作用。进一步，本章考虑了披露意愿、披露质量以及企业所有制性质等因素，着重探讨了环境信息披露创新提升效应的异质性影响。

（一）环境信息披露意愿

根据现行环境信息披露要求，被列入重点监控企业名录的企业需要承担强制性的披露义务，而对其他企业来说，则鼓励其自愿地披露积极的环境信息，从而形成了"自愿性为主、强制性为辅"的披露制度。因此，进行自愿披露环境信息的企业更有可能基于信号传递动机，只披露正面的环境信息，以获取组织的合法性地位，从而弱化了环境信息披露对企业创新水平的提升作用。据此，该部分根据环境保护部（现为中华人民共和国生态环境部）公布的《2015年国家重点监控企业名单》对承担强制性披露义务的上市公司进行甄别，分析了披露意愿对环境信息披露创新提升效应的异质性影响。由表4-6第（1）列可以得到，强制性披露环境信息的企业对创新水平的平均处理效应为0.636，并在1%的水平上显著。然而，由表4-6第（2）列可知，自愿性披露环境信息的企业其平均处理效应为0.271，显然低于承担强制性披露义务企业的绝对作用效果。据此，说明了强制性的环境信息制度对企业创新水平的提升作用更大。

（二）环境信息披露质量

进一步，本章考虑了上市公司在环境信息披露质量方面的差异。由于我国环境信息披露制度尚处于起步阶段，关于披露性质、披露内容等规范性要求缺乏强制性和约束性。策略性的披露行为成为企业的理性选择，从而导致披露质量存在较大差异。企业的环境表现直接影响到环境信息的质量，即使环境表现水平较低的企业为了获得合法性地位披露了较多的环境信息，但在信息质量上明显低于环境表现水平较高的企业（沈洪涛等，2014）。据此，该部分按照华证指数ESG评价体系中的环境评价等级对企业的披露质量进行区分。[①] 表4-6第（3）列、第（4）列列示了环境信息披露质量对企业创新水平的异质性影响。由此可知，环境信息披露质量较高的企业对专利授权量的平均处理效应为0.290，并在5%的水平上显著；然而，披露质量较低的企业对专利授权量的平均处理效应为0.085，且未通过统计显著性检验。因此，环境信息的披露质量会影响环境信息披露创新提升效应的存在性。

（三）企业的所有制性质

最后，本章还讨论了企业所有制性质对环境信息披露创新提升效应的异质性影响。由于企业所有制性质的不同，企业在社会责任履行、资金获取、人才吸引等方面会存在显著差异。一般来说，国有企业承担着更多的社会责任（杨忠智、乔印虎，2013），而且在获得政府补贴和银行贷款方面更加容易，生存压力和竞

---

① 评价等级共分为"AAA""AA""A""BBB""BB""B""CCC""CC""C"九个等级，此处将评级为"BBB"及以上等级的企业作为披露质量较高的样本，其余的作为披露质量较低的样本。

争压力相对较小，在吸引研发人才方面具有优势（杜龙政等，2019）。所以，国有企业在履行社会环境责任方面可能表现得更好，其资金的可获得性和员工的稳定性对于创新活动有积极作用。特别是，披露环境信息的国有企业会更加注重自身在社会环境责任方面的表现。因此，本部分按照企业的所有制性质，将样本划分为国有企业和非国有企业进行分析。从表4-6第（5）列、第（6）列中的回归结果可以看出，在国有企业样本中，平均处理效应为0.348，并在1%的水平上显著，说明进行环境信息披露可以显著提高企业专利的授权量；然而，在非国有企业样本中，平均处理效应为0.125，且没有通过统计显著性检验，环境信息披露行为对企业创新水平没有显著影响。据此，认为企业的所有制性质也会影响企业环境信息披露的创新提升效应。

表4-6　环境信息披露对企业创新影响的异质性分析

	强制性披露 （1）	自愿性披露 （2）	披露质量高 （3）	披露质量低 （4）	国有企业 （5）	非国有企业 （6）
平均处理效应	0.636*** （3.120）	0.271*** （3.400）	0.290** （2.010）	0.085 （0.520）	0.348*** （3.740）	0.125 （0.860）
处理组	77	437	452	63	370	126
对照组	43	573	96	511	387	128
样本量	120	1010	548	574	757	312

注：*、**、***分别表示在10%、5%、1%的水平上显著，括号内为t值。

五、环境信息披露创新提升效应的影响渠道

前文的实证结果表明，环境信息披露可以显著提高企业的创新水平。在此基础上，本章进一步探讨了环境信息披露影响企业创新水平的作用机制。结合前文的机理分析，本章选取了融资成本（cef）和员工稳定性（es）指标分别衡量企业的研发资本和人力资本，通过构建固定效应模型对传导机制进行检验。

$$\ln(Patent_{it}) = \alpha + \beta_1 Disclosure_{it} + \delta X_{it} + \mu_c + \eta_p + \gamma_t + \varepsilon_{it} \tag{4-4}$$

$$\ln(Patent_{it}) = \alpha + \beta_1 Disclosure_{it} + \beta_2 Disclosure_{it} \cdot cef_{it} + \delta X_{it} + \mu_c + \eta_p + \gamma_t + \varepsilon_{it} \tag{4-5}$$

$$\ln(Patent_{it}) = \alpha + \beta_1 Disclosure_{it} + \beta_2 Disclosure_{it} \cdot es_{it} + \delta X_{it} + \mu_c + \eta_p + \gamma_t + \varepsilon_{it} \tag{4-6}$$

$$\ln(Patent_{it}) = \alpha + \beta_1 Disclosure_{it} + \beta_2 Disclosure_{it} \cdot cef_{it} + \beta_3 Disclosure_{it} \cdot es_{it} + \delta X_{it} + \mu_c + \eta_p + \gamma_t + \varepsilon_{it} \tag{4-7}$$

其中，i 为企业；t 为年份；$Patent_{it}$ 为 i 企业 t 年的创新水平，用专利授权量来表示；$Disclosure$ 为是否披露环境信息的二元虚拟变量；$Disclosure \cdot cef$ 为环境信息披露与融资成本的交互项，融资成本用净资本支出、利息收入之和与短期债务、长期债务之和的比值表示（韩乾等，2017）；$Disclosure \cdot es$ 为环境信息披露与员工稳定性的交互项，员工稳定性用每五年上市公司员工人数的标准差来表示（Bentley et al.，2013）。μ_c、η_p、γ_t 分别表示城市、行业和年份固定效应。控制变量（X_{it}）与双重差分倾向得分匹配法中的一致：企业规模（ln$size$）、企业经营年限（age）、股权集中度（ten）、企业资产负债率（lev）、总资产周转率（atr）、总资产净利润率（roa）、财务杠杆（dfl）、账面市值比（mtb），具体的计算方法此处不再赘述。

首先，基于式（4-4）检验了环境信息披露是否能够提高企业的创新水平。由表4-7第（1）列可知，环境信息披露的系数为0.422，并通过了1%的显著性水平检验，说明环境信息披露具有创新提升效应，与双重差分倾向得分匹配法（PSM-DID）所得结论一致。其次，在式（4-4）的基础上分别引入了环境信息披露与融资成本、员工稳定性的交互项，即式（4-5）和式（4-6），检验环境信息披露的传导机制，结果如表4-7第（2）列、第（3）列所示。可以看出，$Disclosure \cdot cef$ 的系数为0.190，并在1%的水平上显著，说明融资成本是环境信息披露影响企业创新的作用渠道。企业披露的环境信息为银行、投资者提供了更多的非财务信息，降低了因环境风险引发投资风险的概率，而且企业良好的环境形象可以提高企业声誉，增强投资者信心，从而影响投资者认知，使得企业可以更容易以更低的成本获得债务融资和股权融资。$Disclosure \cdot es$ 的系数为0.361，并在1%的水平上显著，说明披露环境信息的企业其较高的员工稳定性可以提高企业的创新水平。员工稳定性代表着员工的安全感和对企业的认同感，企业的员工稳定性越高，其创新环境也就越稳定，对企业创新水平的提高有直接的促进作用。最后，在式（4-4）的基础上同时引入了环境信息披露与融资成本、员工稳定性的交互项，发现 $Disclosure \cdot cef$ 和 $Disclosure \cdot es$ 的系数分别为0.132和0.311，并均在1%的水平上显著。这表明融资成本和员工稳定性都是实现环境信息披露创新提升效应的作用渠道。

表 4-7　环境信息披露的影响渠道

	（1）	（2）	（3）	（4）
Disclosure	0.422 ***	0.411 ***	0.384 ***	0.381 ***
	（18.712）	（18.159）	（16.762）	（16.634）
Disclosure · cef	—	0.190 ***	—	0.132 ***
		（6.778）		（4.296）
Disclosure · es	—	—	0.361 ***	0.311 ***
			（9.343）	（7.702）
ln*size*	0.379 ***	0.367 ***	0.346 ***	0.343 ***
	（35.297）	（33.753）	（30.737）	（30.351）
age	0.011 ***	0.012 ***	0.011 ***	0.011 ***
	（3.670）	（3.778）	（3.604）	（3.690）
ten	0.001	0.000	0.000	−0.000
	（0.664）	（0.123）	（0.261）	（−0.047）
lev	−0.136 **	−0.137 **	−0.145 ***	−0.143 **
	（−2.447）	（−2.466）	（−2.620）	（−2.571）
atr	0.079 ***	0.082 ***	0.078 ***	0.080 ***
	（4.119）	（4.273）	（4.044）	（4.171）
roa	0.479 ***	0.482 ***	0.422 **	0.434 **
	（2.697）	（2.714）	（2.386）	（2.451）
dfl	−0.001	−0.001	−0.001	−0.001
	（−1.283）	（−1.285）	（−1.278）	（−1.280）
mtb	0.365 ***	0.348 ***	0.358 ***	0.347 ***
	（6.159）	（5.865）	（6.057）	（5.870）
Constant	−2.116 ***	−2.006 ***	−1.828 ***	−1.797 ***
	（−17.921）	（−16.815）	（−15.025）	（−14.720）
行业/城市/年份 固定效应	控制	控制	控制	控制
样本量	12854	12824	12852	12822
R-squared	0.540	0.541	0.543	0.543

注：* 、** 、*** 分别表示在 10%、5%、1% 的水平上显著，括号内为 t 值。

六、本章小节

　　本章主要回答了环境信息披露是否可以提高企业的创新水平？这为后文的研

究奠定了基础。本章从理论层面分析了环境信息披露对企业创新水平的影响及作用机制，并选取了 2003~2017 年沪、深 A 股上市公司作为研究样本，采用双重差分倾向得分匹配法（PSM-DID）构造了"准自然实验"，以探讨环境信息披露对企业创新水平的影响，并采用固定效应模型进行了机制检验。研究结论如下：

第一，环境信息披露可以提高企业的创新水平，即环境信息披露具有创新提升效应，且具有动态持续性，企业披露环境信息的年限越长，创新水平的增速越快。

第二，企业环境信息的披露意愿、披露质量以及所有制性质会影响环境信息披露的创新提升效应。具体表现在：①从披露意愿来看，与自愿披露环境信息的企业相比，承担强制性披露义务的企业其披露行为对创新水平的提升作用更大；②从披露质量来看，环境信息披露质量较高的企业其披露行为对企业创新水平表现出显著的正向作用，而信息质量较低的披露行为则不能提高创新水平；③从企业的所有制性质来看，国有企业的披露行为具有显著的创新提升效应，非国有企业则不存在显著影响。

第三，企业的融资成本和员工稳定性是实现环境信息披露创新提升效应的影响渠道。一方面，环境信息披露通过降低信息的不对称性，降低了投资者的投资风险，并通过提高企业声誉影响投资者认知和债权人对借款的索求水平，企业从而能够以较低的成本获得债务融资和股权融资。另一方面，人力资本是创新活动必不可少的投入要素，环境信息披露体现了企业的社会环境责任，有利于增强员工的认同感和安全感，从而通过提高内部员工稳定性促进企业创新水平的提升。

第五章　环境信息披露与企业创新动机：实质性创新还是策略性创新？

在努力实现生态环境保护与经济发展"双赢"格局的背景下，对企业创新的评估不能仅停留在专利授权量层面，而要充分考虑专利结构及其技术含量等因素。这是由于质量较高、技术含量较高的专利对企业竞争力的提升作用更明显，能够优化经济高质量发展的路径。根据世界知识产权组织的数据显示，2019 年中国在《专利合作条约》（PCT）框架下提交专利申请共计 58990 件，超过美国并成为国际专利申请数量最多的国家。然而，中国的创新指数排名位列全球第 14 位，说明在创新制度、人力资本、基础设施、市场和商业成熟度等方面与瑞士、瑞典、美国、英国等发达经济体仍有差距。已有研究表明，宏观产业政策、融资融券等制度因素可能会影响我国的创新指数。具体来说，这些政策的实施增加了企业的创新数量，但本质上是企业为了寻求扶持、稳定股价或是维护利好消息而进行的策略性行为，创新质量并未显著提高，从而引发"专利泡沫"问题（黎文靖、郑曼妮，2016；谭小芬、钱佳琪，2020）。因此，在"绿水青山就是金山银山"的绿色发展理念下，有效识别环境信息披露对企业创新动机的影响，对于引导企业进行高质量创新，推进生态环境高水平保护和经济高质量增长具有重要的现实意义。本章进一步从理论和实证层面深入分析了环境信息披露对企业创新动机的影响和作用机制，深刻理解环境信息披露对经济高质量发展的作用。

一、环境信息披露对企业创新动机的影响及作用机制

基于专利形式的文献发现，企业的创新动机可能是为了谋求其他利益的策略性行为（Tong et al.，2014）。但是，缺少直接衡量企业创新动机的相关指标，黎文靖和郑曼妮（2016）根据创新效果划分了不同创新动机的创新行为。其中，将企业通过追求创新"数量"和"速度"以应对监管和政府的谋利行为称为策略性创新行为，如有"小专利""小发明"之称的实用新型专利和外观设计专利；将能够促进企业技术进步和获取竞争优势的"高质量"创新行为称为实质性创新行为，在专利形式方面表现为发明专利的申请与授权。后者的技术要求较高，具有研发成本高、研发周期长、失败率高的特征。如果投资者对创新失败的容忍度较低，那么企业创新一旦失败就会影响企业的财务指标和投资者信心。例如，王晓祺和胡国强（2020）发现绿色创新的高成本和外部性会降低分析师对企业主营业务收入和每股盈余的预期，申请绿色发明专利的企业会遭受到投资者更为消极的反应，进而反作用于企业的创新决策。不仅如此，我国证券市场还具有投资者有限理性的特征，他们更多的关注研发投入和专利申请、授权情况，并不注重不同质量的专利区分度，也为企业采取策略性专利行为提供动机。然而，随着投资者对 ESG 投资理念的不断深化，环境风险逐渐成为投资者进行投资决策的考量因素之一。环境信息可以直接反映企业可能面临的环境风险，这既包括物理环境风险，又包括企业"搁浅"资产价值的损失和随监管水平趋严而增加的运营成本或环保处罚等，增加企业利润下降的概率（危平、曾高峰，2018）。因此，要求上市公司进行环境信息披露似乎可以为企业提供实质性创新的动力。目前，大部分研究认为治理机制、信息机制是影响企业创新动机的作用渠道（黎文靖、郑曼妮，2016；郝项超等，2018）。据此，本章重点根据环境信息披露的作用对象从治理机制和信息机制两方面分析了环境信息披露对创新动机的可能影响。

（一）治理机制

环境信息是企业内部掌握的私有信息，在环境信息披露制度实施前，其他利益相关者缺乏获取环境信息的相关渠道，资本市场对企业的环境表现不敏感。环

境信息披露制度实施后，信息披露为利益相关者提供了直接获取环境信息的有效途径，降低了所有者与管理者的信息不对称和代理成本（Lev，1992），通过"治理机制"约束管理层的短视行为，改善公司治理，提高研发投入产出效率（徐辉等，2020）。

一是缓解代理问题。委托代理问题是公司治理的核心问题（Jensen and Meckling，1976），其产生的根本原因在于管理者不是企业的完全所有者，管理者出于自利动机可能做出损害投资者利益的机会主义行为。特别是，当股东和管理者之间存在利益分歧时，管理者在经营决策中就会以追求私人利益最大化为目标，产生无视利益相关者利益的道德风险行为，过度投资于一些无利可图的项目，从而导致投资过度或投资不足（Hammami and Hendijani，2019），不利于企业长期的创新活动。在这种情况下，如果能够缓解代理问题，则可能有助于改善企业创新动机，提高企业的实质性创新水平。大量研究已经证实加强对管理层的长效激励机制将直接有效地减少代理问题，即代理问题的解决本质上是如何激励管理层做出与股东利益相一致的决策。例如，Said 等（2009）发现增加管理层的所有权可以减少代理问题并提高经理人提供更多信息的动力。薪酬激励和股权激励是公司治理结构的重要特征，能够推动管理层成为股东的"内部人"，特别是股权激励方式能使管理层花费更多时间和精力关注企业的长期发展，从而改善环境行为和环境信息的披露质量（李强、冯波，2015）。而且，随着我国政府机构不断出台一系列政策法规以建立并逐步完善上市公司环境信息披露制度，环境问题也成为我国企业长期发展中必须关注的重要问题。股东、审计师、财务经理等对各种类型的环境信息披露均持有肯定态度（Villiers and Vorster，1995）。前文中提到，投资者等利益相关者将企业环境风险作为投资的考察因素，而且资本市场会对披露的环境信息做出反应，环境信息的披露在一定程度上可以减弱噪声对股价的波动性，提高股价的同步性，即正面的环境信息有助于提高股价，与投资者持有股票的投资目标一致。管理层的职业生涯、薪酬与股价密切相关，负面环境信息造成的股价下跌也会影响管理者的自身利益。反之，如果管理者在股票换手率、会计利润等方面获得了绩效奖励，则会进一步通过披露企业社会责任信息最大化个人收益，加大企业社会责任信息的披露程度可以有效地改善公司绩效，从而使经理人获得更多的回报（Setyorini and Ishak，2012）。因此，环境信息披露制度可以在一定程度上约束管理者做出符合组织合法性的行为决策，规避管理者不当治理行为导致的股价下跌风险，改善管理者的自利行为，从而做出有利于企业价值最大化的创新决策。据此，本章认为环境信息披露能够缓解管理层在创新投资决策方面的委托代理问题。

　　二是约束管理层短视行为。管理者的短视行为是指管理层为了较快的提高自身声誉与薪酬水平，以牺牲股东长期利益为代价盲目地追求短期利润的行为（Narayanan，1985）。企业内部的声誉和薪酬压力以及外部的企业估值压力是导致管理层短视行为的诱因（邵丹等，2017），投资者的频繁交易和短期关注会加剧经理人的短视投资行为，迫使管理者减少研发投入以满足短期收益目标（Bushee，1998；许宁宁，2019）。郝项超等（2018）认为管理层的短视行为可能来自于其享受"安逸生活"和保护声誉的动机，会降低企业的创新质量。因此，约束管理层的短视行为是促进企业实质性专利行为的有效路径。本章认为环境信息披露对管理层短视行为的约束作用主要体现在以下两个方面：一方面，环境信息披露增加了外部的环境管制压力，使企业在披露环境成本时，面临潜在的声誉威胁（Basalamah and Jermias，2005），这对管理者的声誉和薪酬产生了消极影响。然而，自愿的环境信息披露可以调节不良的环境绩效对环境声誉的影响（Cho et al.，2012）。这为管理者提供了有益启示，如强化企业环境信息披露中的环境责任可以提高公司的声誉（Dewi，2019）。因此，环境信息披露制度出台后，高管通过披露积极的环境信息可以获得先发优势，通过提高环保意识增强企业绿色创新责任感，抓住绿色创新的机遇并创造独特的绿色生产方式（陶克涛等，2020），从而避免短视行为，提高企业的实质性创新能力。另一方面，环境信息披露会影响企业估值，从而约束管理层的短视行为，促进企业进行实质性创新。已有研究表明，当管理层面临估值下降的压力时，其处理复杂信息的能力和效率下降，并将工作重点转移到预算紧缩、削减成本等方面，从而降低了技术创新的动机（邵丹等，2017）。然而，企业披露正向的环境信息可以向外部利益相关者传递积极信号，与利益相关者建立长期有效的联系，对缓解企业风险、增加企业价值具有重要作用（Klarissa et al.，2019）。此外，环境信息披露通过减少企业与投资者之间的信息不对称，改善股票流动性、降低代理成本，通过权益成本和预期的未来现金流影响企业估值，并且随着环境信息披露质量的提高，企业通常会具有更高的估值（Plumlee et al.，2015；Liu et al.，2020）。因此，公司管理者通过披露环境信息、提高披露质量能够提高企业估值，降低管理层所面临的估值风险，管理者为了追求良好的环境表现会披露更加积极的环境信息，从而需要改善企业的长期投资，有助于企业创新投资的长期发展。

环境信息披露的创新效应研究

（二）信息机制

环境信息披露通过开辟负面信息渠道和加强外部监督，增加了企业负面信息曝光的可能性，能够改变资本市场对企业的反应。那么，企业有可能结合自身的环境表现，根据披露所产生的收益与其潜在的破坏性成本选择披露战略（Cormier et al.，2011）。但是，外部监督的加强又提高了企业被曝光的概率，制约了管理层的策略性披露行为，从而促进企业投资于实质性的创新活动。

一是开辟负面信息渠道。实施环境信息披露制度的主要目的在于降低信息的不对称性，并向企业施加压力以减少污染排放（Kasim，2017），对企业环境行为具有约束作用。前文提到，负面环境信息会对企业股价、声誉、企业价值等方面产生负面影响，这为企业改善环境表现提供了动机，从而促使企业投资于质量较高的创新活动。但是，当披露成本大于披露收益时，企业也可能隐瞒负面的环境信息。接下来，本部分主要考虑了企业隐瞒负面信息与创新动机的潜在机制。环境信息披露行为本身存在环境成本，企业通过披露负面信息提高企业信息的可信度和披露者的声誉（Skinner，1994）。而且，刻意隐瞒的负面信息也可能被第三方披露，例如，Hamilton（1995）认为重污染行业的污染行为存在被第三方披露的可能。一旦第三方披露了企业未披露的负面信息，就会降低投资者对企业信息的可信度，从而对公司股价产生负面影响。已有研究表明，许多公司仍然倾向于提供有利于企业形象的信息（Deegan and Rankin，1996）。加之，我国实行的是"自愿性披露为主，强制性披露为辅"的环境披露制度，没有严格规定承担强制性披露义务的企业披露信息的内容、形式等。特别是，自愿披露的企业不会提供负面信息满足利益相关者的知情权（Stacey and David，2005），而是披露正面信息以规避负面信息对企业的不利影响。Lyon 和 Maxwell（2011）假定经理人采取企业价值最大化的披露策略并构建了"绿色清洗"模型，发现经理人的"绿色清洗"行为旨在依赖积极的信息提高公众认知度，隐瞒消极的信息防止严重的负面公众认知，但从事"绿色清洗"的企业一旦被发现，其产生的罚金将抵消潜在的"绿色清洗"收益。因此，负面信息渠道的开辟可能倒逼企业进行实质性创新。

二是加强外部监督。分析师作为外部监督者，能够收集、处理信息，为投资者提供额外价值等，从而影响经理人和企业的行为（Hong et al.，2014），对投资者和资本市场具有重要意义。企业社会责任信息披露水平的提高会吸引更多的分析师关注，通过减少信息不对称程度来降低分析师对价格发现的影响，帮助投资者做出明智的交易决策（Shen et al.，2021）。分析师作为证券市场重要的信息中介，具有分析和获取信息的能力，他们通过实地调研、私下沟通等途径获取企业的私有信息，以提高预期价值判断和盈余预测的准确性，并以报告的形式传递信息，督促企业披露真实且积极的环境信息。而且，分析师追踪能够改善环境信息披露并降低股权成本（Yao and Liang，2019）。现有文献分析了分析师关注对企业创新的影响，但未形成统一结论。"信息中介"假说认为分析师作为信息中介通过发挥信息传递的作用，降低信息不对称、缓解委托代理问题和管理层短视行为，避免创新型企业股价被低估（朱红军等，2007）。然而，"市场压力"假说认为信息中介对企业管理者施加过多的压力，而导致管理者更加关注短期目标（Hong et al.，2000；He and Tian，2013；程博，2019）。此外，分析师也会关注企业的其他情况，缓解创新过程中的信息不对称及代理问题，从而促进企业创新（陈钦源等，2017）。因此，由于我国现阶段的环境信息披露制度较为宽松，本章基于"信息中介"假说，认为在额外的外部监督压力下，环境信息披露可以促使企业投资于实质性的创新活动。

二、研究设计

本章基于 2003~2017 年沪、深 A 股上市公司的环境信息披露和专利数据，实证分析了环境信息披露对企业创新动机的影响及其作用机理，对于完善环境信息披露制度并引导企业进行高质量创新，推进生态环境高水平保护和经济高质量发展具有重要的现实意义。

（一）模型设定与变量说明

本章选取了 2003~2017 年沪、深 A 股上市公司数据作为研究样本，采用多期双重差分模型分析环境信息披露对企业创新动机的影响。构建如下模型：

$$\ln Y_{it} = \alpha + \beta Disclosure_{it} + \gamma X_{it} + Firm_i + Year_t + \varepsilon_{it} \qquad (5-1)$$

其中，i 为上市公司；t 为年份；$\ln Y_{it}$ 为企业创新产出的对数值；$Disclosure_{it}$ 为环境信息披露的虚拟变量；X_{it} 为控制变量；$Firm_i$ 和 $Year_t$ 分别为企业和年份固定效应；ε_{it} 为随机扰动项。

（1）被解释变量。根据《中华人民共和国专利法》，专利包括发明专利、实用新型专利和外观设计专利。其中，发明专利主要是指运用新的技术对产品、方法进行改进或创新的新方案，审查严格且授权难度大，一般需要两年才能获得专利权，能够真实地反映出企业的创新能力；实用新型专利具备新颖性、创造性和实用性的特点，但更注重产品的形状和构造；外观设计专利主要注重产品形状、图案等，科技含量相对较低，获得授权的难度较低。国家专利管理部门对上述三类专利申请文件进行实质审查或者形式审查后，对符合要求的专利予以公告授权。为了识别企业的创新动机，本章选取专利申请量、授权量和被引用次数作为被解释变量，根据黎文靖和郑曼妮（2016）的分类方法，将发明专利作为实质性创新的成果表现，非发明专利（实用新型专利和外观设计专利）作为策略性创新的成果表现。

（2）解释变量。环境信息披露 $Disclosure_{it}$ 是本章的核心解释变量，依然以上市公司是否在社会责任报告中披露环境信息为原则，对变量进行赋值。如果企业 i 在第 t 年进行环境信息披露，则 $Disclosure_{it}=1$，否则为 0。

（3）控制变量。本章控制了影响企业创新动机的其他变量（X_{it}）：①企业资产负债率（lev），用负债合计与资产合计的比值表示；②总资产周转率（atr），用营业收入与平均资产总额的比值表示，其中平均资产总额为资产合计期末余额和资产合计上年期末余额的平均值；③总资产净利润率（roa），用净利润与平均资产总额表示；④企业规模（$lnsize$），用上市公司在册（在职）员工人数的对数值表示；⑤财务杠杆（dfl），用净利润、所得税费用和财务费用之和与净利润、所得税费用之和的比值表示；⑥董事会规模（$board$），用年末在任董事（含董事长）人数表示；⑦独立董事规模（$inboard$），用年末在任的独立董事人数表示；⑧企业经营年限（age），用当年年份减去企业成立年份表示；⑨股权集中度（ten），用前十位大股东持股比例之和表示。

（二）数据处理与描述性统计

本章主要使用了三组微观数据：第一，上市公司的专利数据，包括专利的申请量、授权量和被引用次数；第二，上市公司的财务数据；第三，上市公司社会责任报告中有关环境信息的披露情况。数据均来源于国泰安（CSMAR）数据库，根据上市公司的股票代码 ID、年份和名称进行匹配。为了减少异常值的影响，本章进行了以下数据处理：①剔除 ST 类和金融业的样本；②剔除相关财务指标存在缺失的样本；③剔除企业总资产周转率、资产负债率、净利润率小于 0 的样本；④剔除已退市和当年上市的样本。在此基础上，对所有连续变量按 1% 和 99% 的分位数进行 winsorize 缩尾处理，最终得到 2003～2017 年 2119 家上市公司的 17213 组观测值。变量的描述性统计如表 5-1 所示。可见，发明专利申请量的均值为 1.310、授权量的均值为 0.817，非发明专利的专利申请量均值为 1.496、授权量的均值为 1.428，说明发明专利的授权难度较大，符合专利授权的现实特点。因此，本章选取的样本具有真实代表性。

表 5-1　变量描述性统计

变量	变量名	均值	中位数	标准差	最小值	最大值	样本量
$lnapply$	专利申请量	1.923	1.792	1.756	0	6.644	17213
$lniapply$	发明专利申请量	1.310	0.693	1.452	0	6.492	17213
$lnsapply$	非发明专利申请量	1.496	1.099	1.604	0	6.540	17213
$lngrants$	专利授权量	1.673	1.386	1.636	0	7.403	17213
$lnigrants$	发明专利授权量	0.817	0	1.132	0	7.394	17213
$lnsgrants$	非发明专利授权量	1.428	1.099	1.569	0	6.926	17123
$disclosure$	环境信息披露	0.206	0	0.404	0	1.000	17213
lev	资产负债率	0.457	0.464	0.187	0.052	0.859	17213
atr	总资产周转率	0.714	0.606	0.463	0.080	2.783	17213
roa	总资产净利润率	0.051	0.041	0.040	0.001	0.222	17213
$lnsize$	企业规模	7.699	7.703	1.188	4.078	11.020	17213
dfl	财务杠杆	1.445	1.145	0.907	0.476	8.725	17213
$board$	董事会规模	9.053	9.000	1.780	5.000	15.000	17213
$indboard$	独立董事规模	3.250	3.000	0.620	2.000	5.000	17213
$lnage$	经营年限	2.656	2.708	0.390	1.609	3.367	17213
ten	股权集中度	0.580	0.590	0.145	0.232	0.903	17213

此外，考虑到深圳证券交易所和上海证券交易所分别于 2006 年、2008 年发布了《深圳证券交易所上市公司社会责任指引》和《上海证券交易所上市公司环境信息披露指引》，而且上市公司进行环境信息披露的时点不一致并不断改变。因此，本章采用多期 DID 模型进行分析。图 5-1 展示了上市公司环境信息披露

前后发明专利授权量的变化趋势。可以发现,环境信息披露制度实施前,处理组和对照组的专利授权量增长趋势基本一致;环境信息披露制度实施后,处理组的专利授权量呈现出明显的上升趋势,与对照组形成鲜明对比。这说明样本通过了平行趋势检验。

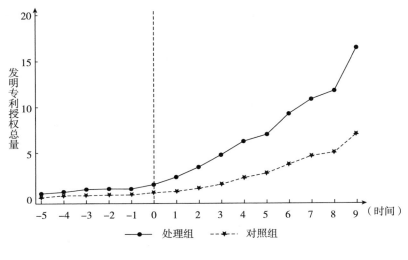

图 5-1 平行趋势检验

三、实证结果分析

(一) 基准结果分析

本章感兴趣的问题是,环境信息披露是否促进了企业的实质性创新。基准回归结果如表 5-2 所示。该部分首先分析了环境信息披露对专利总量、发明专利和非发明专利数量的影响。第 (1) ~ (3) 列分别汇报了环境信息披露对企业专利申请总量、发明专利和非发明专利申请量方面的影响,第 (4) ~ (6) 列则是环境信息披露对专利授权总量、发明专利和非发明专利授权量方面的影响。可以发现,无论从专利申请量还是专利授权量来看,环境信息披露的回归系数均显著为正，说明环境信息披露显著提高了专利数量。从发明专利来看，环境信息披露可以增加专利的申请量和授权量，并在 1% 的水平上显著。所以，按照前文对实质性创新和策略性创新的定义，环境信息披露的创新提升效应不仅可以提高企业创新产出，也可以提高创新质量，促进企业的实质性创新。进一步，本章还使用授权专利被引用次数作为实质性创新的替代指标，验证环境信息披露"实质性创新"效应的稳健性，结果如表 5-2 第（7）列所示。估计结果表明，环境信息披露的系数显著为正，说明披露环境信息的企业其授权专利的被引用次数较高，进一步验证了基准回归结果的可靠性。环境信息披露对企业创新的影响之所以有别于宏观产业政策、融资融券等制度因素，可能是因为节约资源和保护环境作为我国的基本国策，具有长远、全局和战略高度以及全民参与性。环境信息是市场择优的有效信息之一，可以倒逼企业主动提升综合竞争力。企业在外部环境约束下加大高质量创新成果的研发，实现绿色产品、清洁技术、资源节约等目标，可以减少负面消息对股价、现金流的不利影响，在新发展理念下获得竞争优势。

表 5-2　环境信息披露对企业创新动机的回归结果

	专利申请量			专利授权量			专利引用量
	（1） 专利申请 总量	（2） 发明 专利	（3） 非发明 专利	（4） 专利授权 总量	（5） 发明 专利	（6） 非发明 专利	（7） 专利被 引用次数
Disclosure	0.175*** (6.461)	0.191*** (8.041)	0.174*** (6.638)	0.205*** (8.003)	0.196*** (9.684)	0.190*** (7.284)	0.050* (1.804)
lev	0.131* (1.757)	0.151** (2.303)	0.117 (1.618)	0.061 (0.865)	−0.014 (−0.253)	0.103 (1.429)	0.016 (0.212)
atr	−0.067** (−2.000)	−0.106*** (−3.637)	−0.051 (−1.587)	−0.105*** (−3.342)	−0.139*** (−5.593)	−0.076** (−2.384)	−0.094*** (−2.740)
roa	−0.093 (−0.336)	0.279 (1.154)	−0.300 (−1.118)	−0.488* (−1.870)	−0.139 (−0.674)	−0.512* (−1.927)	0.007 (0.023)
lnsize	0.288*** (20.397)	0.245*** (19.845)	0.255*** (18.679)	0.264*** (19.860)	0.186*** (17.607)	0.247*** (18.204)	0.131*** (9.003)
dfl	0.006 (0.548)	−0.004 (−0.390)	0.003 (0.265)	0.000 (0.031)	−0.000 (−0.005)	−0.003 (−0.270)	0.017 (1.569)
board	0.011 (1.189)	0.016* (1.879)	0.007 (0.757)	−0.002 (−0.183)	0.007 (1.035)	−0.004 (−0.404)	0.004 (0.434)

	专利申请量			专利授权量			专利引用量
	(1) 专利申请 总量	(2) 发明 专利	(3) 非发明 专利	(4) 专利授权 总量	(5) 发明 专利	(6) 非发明 专利	(7) 专利被 引用次数
indboard	0.005 (0.198)	0.010 (0.467)	−0.006 (−0.263)	−0.017 (−0.734)	−0.028 (−1.511)	−0.004 (−0.169)	0.023 (0.882)
lnage	1.051*** (10.887)	0.937*** (11.097)	0.850*** (9.101)	1.171*** (12.868)	0.930*** (12.890)	0.933*** (10.072)	0.516*** (5.200)
ten	−0.152 (−1.643)	−0.138* (−1.700)	−0.202** (−2.255)	−0.344*** (−3.945)	−0.349*** (−5.047)	−0.244*** (−2.751)	0.006 (0.068)
Constant	−3.165*** (−11.031)	−3.201*** (−12.751)	−2.693*** (−9.697)	−3.172*** (−11.726)	−2.784*** (−12.977)	−2.764*** (−10.032)	−1.723*** (−5.843)
企业固定效应	控制	控制	控制	控制	控制	控制	控制
年份固定效应	控制	控制	控制	控制	控制	控制	控制
观测值	17213	17213	17213	17213	17213	17213	17064
R−squared	0.786	0.760	0.760	0.781	0.712	0.753	0.572

注：*、**、***分别表示在10%、5%、1%的水平上显著，括号内为t值，下表同。

(二) 环境信息披露对企业创新动机的影响渠道

1. 中介效应模型的建立

在上述分析中，得到的基准回归结论是：在我国沪、深A股市场中，上市公司的环境信息披露行为能够促进企业的实质性创新。那么，环境信息披露又是如何促进企业实质性创新的？接下来，根据前文中的理论机制分析，该部分选取盈余管理和分析师关注度两个指标作为中介变量，分别考察了"治理机制"和"信息机制"的作用效果，并借鉴温忠麟和叶宝娟（2014）的中介效应分析方法，构建如下中介效应模型：

$$\ln Y_{it} = \alpha_1 + cDisclosure_{it} + \gamma_1 X_{it} + Firm_{i1} + Year_{t1} + \varepsilon_{it1} \tag{5-2}$$

$$M_{it} = \alpha_2 + aDisclosure_{it} + \gamma_2 X_{it} + Firm_{i2} + Year_{t2} + \varepsilon_{it2} \tag{5-3}$$

$$\ln Y_{it} = \alpha_3 + c'Disclosure_{it} + bM_{it} + \gamma_3 X_{it} + Firm_{i3} + Year_{t3} + \varepsilon_{it3} \tag{5-4}$$

其中，i 代表上市公司，t 代表年份，M 为中介变量。式（5-2）为基准回归模型，系数 c 为环境信息披露对创新动机影响的总效应；式（5-3）的系数 a 为环境信息披露对中介变量的影响效应；式（5-4）的系数 b 为控制环境信息披露影响后，中介变量对创新动机的影响效应，ab 即为中介效应；系数 c' 为控制中介变量影响后，环境信息披露对创新变量的直接效应，中介效应的影响路径如图5-2所示。具体检验步骤如下：第一步，检验式（5-2）的系数 c，如果显著则中介效应成立，否则为遮掩效应。第二步，依次检验式（5-3）和式（5-4）中的系数 a、b。如果均显著说明间接效应显著，可直接检验式（5-4）中的系数 c'；如果至少存在一个系数不显著，则需要用 Bootstrap 法直接检验原假设，如果结果显著也可说明间接效应显著，再进行下一步，否则停止检验。第三步，检验式（5-4）中的系数 c'，如果不显著说明仅有间接效应，否则存在直接效应，进行下一步。第四步，比较 ab 和 c' 的符号，同号为部分中介效应，异号为遮掩效应。中介效应检验结果如表5-3所示。

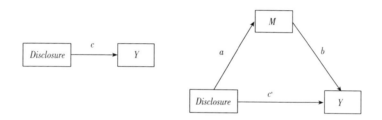

图5-2　中介变量的影响路径

表5-3　影响机制分析

	（1） 发明专利	（2） 盈余管理	（3） 发明专利	（4） 发明专利	（5） 分析师关注度	（6） 发明专利
Disclosure	0.196*** （9.684）	−0.005** （−2.336）	0.191*** （7.161）	0.196*** （9.684）	1.775*** （10.933）	0.182*** （8.939）
Da	—	—	0.081 （0.623）	—	—	—
analyst	—	—	—	—	—	0.008*** （8.197）
lev	−0.014 （−0.253）	0.052*** （7.190）	−0.003 （−0.035）	−0.014 （−0.253）	1.693*** （3.779）	−0.028 （−0.505）
atr	−0.139*** （−5.593）	−0.012*** （−3.671）	−0.114*** （−2.974）	−0.139*** （−5.593）	−0.916*** （−4.592）	−0.132*** （−5.295）

	（1） 发明专利	（2） 盈余管理	（3） 发明专利	（4） 发明专利	（5） 分析师关注度	（6） 发明专利
roa	−0.139 （−0.674）	0.173*** （6.828）	−0.353 （−1.177）	−0.139 （−0.674）	57.147*** （34.483）	−0.615*** （−2.867）
lnsize	0.186*** （17.607）	−0.005*** （−3.535）	0.134*** （8.147）	0.186*** （17.607）	1.723*** （20.385）	0.171*** （16.065）
dfl	−0.000 （−0.005）	−0.003** （−2.412）	−0.017 （−1.365）	−0.000 （−0.005）	−0.178*** （−2.889）	0.001 （0.188）
board	0.007 （1.035）	0.000 （0.047）	0.016 （1.471）	0.007 （1.035）	−0.008 （−0.149）	0.007 （1.047）
indboard	−0.028 （−1.511）	−0.002 （−0.737）	−0.015 （−0.548）	−0.028 （−1.511）	0.385*** （2.590）	−0.031* （−1.687）
lnage	0.930*** （12.890）	0.027** （2.152）	1.507*** （10.239）	0.930*** （12.890）	3.081*** （5.331）	0.905*** （12.550）
ten	−0.349*** （−5.047）	0.023*** （2.593）	−0.330*** （−3.190）	−0.349*** （−5.047）	2.731*** （4.931）	−0.372*** （−5.383）
Constant	−2.784*** （−12.977）	0.014 （0.389）	−4.064*** （−9.490）	−2.784*** （−12.977）	−20.631*** （−12.006）	−2.613*** （−12.146）
Bootstrap 估计结果						
ab（间接效应）		0.002			0.068	
c'（直接效应）		0.410			0.368	
		Z=2.16, P=0.031			Z=11.96, P=0.000	
企业固定效应	控制	控制	控制	控制	控制	控制
年份固定效应	控制	控制	控制	控制	控制	控制
观测值	17213	9958	9958	17213	17213	17213
R-squared	0.712	0.494	0.768	0.712	0.683	0.713

2. 中介效应分析

一是对治理机制的检验。对于企业管理层行为和信息透明度的直接度量难度较高，而且管理层在面对资本市场压力时，可能会减少创新投入等盈余管理手段以提高短期业绩，从而阻碍企业的实质性创新。因此，本书通过企业环境信息披露前后的盈余管理变化识别了治理机制的有效性问题，借鉴 Hutton 等（2009）的方法，采用修正的 Jones 模型估计前三年可操纵性应计利润绝对值的平均数测度企业的盈余管理，表5-3 第（1）～（3）列汇报了治理机制的检验结果。由第（2）列可知，环境信息披露的系数为-0.005，并在5%的水平上显著为负，说明环境信息披露显著降低了企业的盈余管理；第（3）列中，盈余管理 Da 中介变量的系数为0.081，但未通过显著性检验。进一步，本章通过 Bootstrap 法进行检验，结果发现 p<0.05，拒绝原假设，说明间接效应显著，同时，系数 c′ 的符号为正，并在1%的显著水平上显著，说明存在直接效应。ab 和 c′ 同号，说明存在部分中介效应。这说明治理机制是环境信息披露促进企业实质性创新的作用渠道，但该间接效应占总效应的比例较低，仅为0.63%。可能的原因有以下两点：一是我国资本市场的短期投资者占比较高，在一定程度上降低了环境信息披露对管理层短视行为的约束作用；二是我国专利评价体系包括科技含量较低的实用新型专利和外观设计专利，并没有根据专利质量进行加权，这为企业进行策略性创新以应对环境压力提供可行性（谭小芬、钱佳琪，2020）。

二是对信息机制的检验。环境信息披露制度实施后，投资者更加关注企业的环境表现。但是，不同企业披露信息的真实性和有效性存在差异。外部分析师为保证分析预测的准确性，有动力对企业的公开信息进行调查与分析，并发布研究报告向投资者公开预测的财务指标等。因此，分析师关注增加了额外的外部环境压力，促使企业提高环境信息的披露质量，从而督促企业开展更加有利于可持续发展的实质性创新活动。因此，本部分选取企业 i 第 t 期被分析师（团队）跟踪分析的数量（$analyst_{it}$）衡量企业的外部环境关注压力，其数量越大，则代表受到的关注度越高，表5-3第（4）～（6）列报告了信息机制的检验结果。由第（5）列可知，环境信息披露的系数为1.775，并在1%的水平上显著，说明环境信息披露会提高外部分析师的关注度。进一步，将中介变量 $analyst_{it}$ 也加入到基准回归中，发现分析师关注度的系数为0.008，环境信息披露的系数为0.182，并均在1%的水平上显著。这说明，环境信息披露通过提高分析师的关注度，使管理层更加注重披露的真实性，并进一步通过提高专利质量的方法以实现环境合法性。为了验证结果的稳健性，该部分也采用了 Bootstrap 方法进行回归。结果发现，ab 和 c′ 同号，且 p<0.05，说明间接效应显著，占总效应的比例为15.53%。据此，认为信息机制是环境信息披露促进企业实质性创新的作用渠道。

（三）异质性分析

1. 污染程度

前文中的证据表明，强制性披露与自愿性披露在披露动机、创新水平等方面存在明显差异。而且，承担强制性披露义务的企业通常是污染程度较高、生态环境破坏性较大、环境风险较高的重污染企业，这类企业受环境信息披露政策的约束作用更强。例如，《上市公司环境信息披露指南》（征求意见稿）明确要求重污染行业上市公司定期披露污染物排放、环境管理等信息，而对于其他非重污染行业而言，政策力度仅停留在鼓励层面。此外，与重污染企业相比，非重污染企业自愿披露环境信息的比例更高，更有可能披露非财务性的环境信息以获取合法性地位。因此，企业所属行业的污染程度可能影响环境信息披露对创新动机的作用效果。

为了厘清污染程度在环境信息披露对企业创新动机方面的异质性影响，本部分首先根据环境保护部（现为中华人民共和国生态环境部）出台的《上市公司环境信息披露指南》（征求意见稿），将从事火电、钢铁、水泥、电解铝、煤炭、冶金、化工、石化、建材、造纸、酿造、制药、发酵、纺织、制革和采矿业的企业作为重污染企业，对比分析了环境信息披露对重污染企业和非重污染企业创新动机的影响，回归结果如表5-4所示。整体上，环境信息披露显著促进了企业的实质性创新和策略性创新。但是，根据系数差异比较的结果，当被解释变量为发明专利时，重污染企业环境信息披露的系数为0.235，非重污染企业环境信息披露的系数为0.184，系数之差为0.051，并且p值=0.001；当被解释变量为非发明专利时，重污染企业环境信息披露的系数为0.131，非重污染企业环境信息披露的系数为0.207，系数之差为-0.076，并且p值=0.000，说明环境信息披露的作用大小仍存在显著差异。这可能是由于环境信息披露政策使重污染企业尤其是被重点监控的企业直接面临较大的监管压力，提高了企业的环境成本，而且环境信息披露政策也会提高我国资本市场投资者对环境问题的关注度，进而影响企业声誉和企业价值等。因此，环境信息披露使得重污染企业的创新动机有着更为明显的改善，从而优化资源配置以实现清洁生产或绿色转型的目标。

表5-4　企业污染程度的异质性分析

	重污染企业		非重污染企业	
	（1） 发明专利	（2） 非发明专利	（3） 发明专利	（4） 非发明专利
Disclosure	0.235*** （5.552）	0.131** （2.202）	0.184*** （7.950）	0.207*** （7.135）

续表

	重污染企业		非重污染企业	
	（1）	（2）	（3）	（4）
	发明专利	非发明专利	发明专利	非发明专利
lev	0.107	0.094	−0.023	0.130
	（0.905）	（0.566）	（−0.352）	（1.608）
atr	−0.265***	−0.196***	−0.123***	−0.046
	（−5.421）	（−2.861）	（−4.159）	（−1.240）
roa	−0.499	−0.430	0.124	−0.341
	（−1.265）	（−0.779）	（0.507）	（−1.116）
ln*size*	0.253***	0.281***	0.174***	0.250***
	（9.192）	（7.299）	（14.619）	（16.744）
dfl	−0.026**	0.002	0.011	−0.005
	（−2.106）	（0.134）	（1.082）	（−0.368）
board	−0.013	−0.016	0.010	−0.007
	（−0.872）	（−0.767）	（1.301）	（−0.676）
indboard	0.002	0.057	−0.018	0.002
	（0.046）	（1.013）	（−0.850）	（0.089）
lnage	0.474***	0.575**	0.901***	0.839***
	（2.975）	（2.574）	（10.937）	（8.128）
ten	0.065	0.753***	−0.490***	−0.595***
	（0.437）	（3.615）	（−6.138）	（−5.956）
Constant	−2.169***	−2.829***	−2.632***	−2.322***
	（−4.709）	（−4.380）	（−10.665）	（−7.513）
企业固定效应	控制	控制	控制	控制
年份固定效应	控制	控制	控制	控制
观测值	3664	3664	13549	13549
R-squared	0.717	0.685	0.724	0.778
系数差异比较	发明专利		非发明专利	
（b0-b1）	0.051***		−0.076***	
	（0.001）		（0.000）	

注：*、**、***分别表示在10%、5%、1%的水平上显著，系数差异比较的括号内为 p 值，其余括号内为 t 值。

2. 高管薪酬

缓解代理问题是环境信息披露改善企业创新动机的潜在影响渠道。根据代理理论，委托人获取受托人掌握的私有信息需要承担一定的费用，比如对高管的薪酬激励。已有研究表明，高管薪酬激励会影响企业环境信息的披露质量，且薪酬激励强度越大环境信息披露质量越低，这是因为薪酬的高低直接影响高管的风险偏好，薪酬较高的管理者更加关注短期利益以维持现有的薪资水平（李强、冯波，2015）。那么，这种自利动机会促使管理者减少环保研发的投入，规避科技含量较高但风险较大的实质性创新，采取更加稳健的研发策略。由此，该部分进一步探讨了高管薪酬异质性对环境信息披露制度在改善创新动机效果方面的影响。按照高级管理人员前三名的薪酬水平进行分组，具体步骤为：①按照年份对每家上市公司高级管理人员前三名的薪酬进行加总，并取平均；②将每家上市公司高级管理人员前三名的薪酬与该年的平均值进行对比，如果大于平均值，则为高薪酬组，否则为低薪酬组。表5-5汇报了高管薪酬的回归结果。由第（1）列、第（2）列可知，环境信息披露的系数均为正且在1%的水平上显著，说明高管薪酬较高的上市公司披露环境信息在促进实质性创新的同时，也存在策略性的创新行为，削弱了薪酬的激励作用。这是因为环境问题的形成具有累加性和长期性，短时间难以有效解决，使得管理层有动机追求短期利益以获得较高的薪资水平，而管理层又面临着企业发展或转型的重要命题，在环境信息逐渐透明的趋势下，进行实质性创新进而实现良好的环境表现也是明智之举。第（3）列、第（4）列低薪酬组的回归结果表明，环境信息披露只对发明专利存在显著的正向影响。这说明较低的高管薪酬可以缓解高管的短视行为，降低代理成本，并增加研发投入以提高实质性创新水平。

表5-5　企业高管薪酬的异质性分析

	高薪酬组		低薪酬组	
	（1） 发明专利	（2） 非发明专利	（3） 发明专利	（4） 非发明专利
Disclosure	0.206 *** （6.160）	0.302 *** （7.146）	0.086 *** （3.103）	0.032 （0.880）
lev	−0.269 *** （−2.595）	−0.013 （−0.100）	0.184 ** （2.562）	0.195 ** （2.081）
atr	−0.121 *** （−2.907）	−0.091 * （−1.724）	−0.119 *** （−3.505）	−0.036 （−0.817）

续表

	高薪酬组		低薪酬组	
	（1） 发明专利	（2） 非发明专利	（3） 发明专利	（4） 非发明专利
roa	−0.594 * （−1.710）	−0.652 （−1.483）	0.172 （0.622）	−0.505 （−1.397）
ln*size*	0.156 *** （8.623）	0.167 *** （7.305）	0.162 *** （11.161）	0.295 *** （15.500）
dfl	−0.003 （−0.158）	0.007 （0.302）	−0.004 （−0.401）	−0.011 （−0.945）
board	−0.004 （−0.305）	−0.011 （−0.749）	0.001 （0.149）	−0.007 （−0.524）
indboard	−0.013 （−0.442）	0.012 （0.316）	−0.000 （−0.006）	0.020 （0.575）
ln*age*	1.033 *** （8.411）	0.866 *** （5.569）	0.839 *** （7.832）	0.771 *** （5.496）
ten	−0.802 *** （−6.457）	−0.663 *** （−4.218）	−0.135 （−1.495）	−0.093 （−0.784）
Constant	−2.287 *** （−6.288）	−1.655 *** （−3.595）	−2.658 *** （−8.403）	−2.855 *** （−6.895）
企业固定效应	控制	控制	控制	控制
年份固定效应	控制	控制	控制	控制
观测值	6945	6945	10268	10268
R−squared	0.782	0.797	0.722	0.776

3. 所属地区

在特征事实的描述部分，本书发现企业创新行为在四大地区间存在差异化表现。那么，该部分关注的是环境信息披露对我国企业创新动机的影响是否存在地区差异性。据此，本章进一步考察了企业所属地区对估计结果的异质性影响，回归结果如表5-6所示。从实质性创新来看，除东北地区以外，其他地区进行环境信息披露的企业均显著提高了发明专利的授权量。从策略性创新来看，东部地区和中部地区的企业披露环境信息显著提高了策略性专利数量，而西部地区和东北地区的环境信息披露行为对策略性专利行为没有显著影响。综合来看，环境信息披露对创新动机改善最明显的是西部地区，这得益于西部地区近年来在生态环境保护和知识产权保护方面的重视，特别是以"西三角"为代表的经济圈协同合作，推动绿色发展并激发社会创新动力。然而，东北地区作为我国老工业基地，在节能减排和生态环境保护方面所面临的转型困难较大，同时，其较为单一的经济结构与亟待优化的营商环境对吸引外来投资和多元化的高端人才存在较大阻碍，导致专利资源基础落后，难以直接改善企业的创新动机。此外，东部地区和中部地区作为经济的重要增长极，凭借合理的产业结构以及规模较大的就业人才助力专利质量的提高。

表 5-6　企业所属地区的异质性分析

	（1） 发明专利	（2） 非发明专利
Panel A：东部地区		
Disclosure	0.107 *** （3.506）	0.128 *** （3.293）
控制变量	控制	控制
企业固定效应	控制	控制
年份固定效应	控制	控制
观测值	8658	8658
R-squared	0.739	0.746
Panel B：中部地区		
Disclosure	0.253 *** （4.177）	0.254 *** （3.229）
控制变量	控制	控制
企业固定效应	控制	控制
年份固定效应	控制	控制
观测值	2135	2135
R-squared	0.680	0.719
Panel C：西部地区		
Disclosure	0.188 *** （2.692）	0.069 （0.749）
控制变量	控制	控制
企业固定效应	控制	控制
年份固定效应	控制	控制

续表

	(1) 发明专利	(2) 非发明专利
Panel C：西部地区		
观测值	1940	1940
R-squared	0.688	0.715
Panel D：东北地区		
Disclosure	0.052 (0.471)	−0.023 (−0.154)
控制变量	控制	控制
企业固定效应	控制	控制
年份固定效应	控制	控制
观测值	707	707
R-squared	0.684	0.670

四、稳健性分析

（一）样本自选择检验

由于中国环境信息披露制度尚处于起步阶段，主要采取"自愿性披露为主，强制性披露为辅"的披露方式，要求重点监控的企业承担强制性披露义务，而其他企业根据自身情况进行自愿性披露。因此，进行环境信息披露的上市公司并不是随机确定的，可能存在样本自选择问题，导致双重差分模型的估计结果有偏。进一步，本章采用逐年双重差分倾向得分匹配法（PSM-DID）进行稳健性检验，利用"k 近邻匹配"（$k=4$）方法为处理组（$i \in \{Disclosure_{it} = 1\}$）匹配到尽可能相似的对照组（$j \in \{Disclosure_{it} = 0\}$），并满足平衡性假设和共同支撑假设，从而识别了环境信息披露对企业实质性创新的因果处理效应。表5-7汇报了基于匹配样本的估计结果，依然说明环境信息披露可以促进企业的实质性创新，即考虑样本自选择问题后，本章结论仍然成立。

表 5-7　基于匹配样本的双重差分模型估计结果

	（1） 发明专利申请量	（2） 发明专利授权量	（3） 授权专利引用次数
Disclosure	0.193 *** (6.939)	0.185 *** (7.712)	0.074 ** (2.272)
lev	0.103 (1.265)	-0.071 (-1.015)	0.063 (0.665)
atr	-0.114 *** (-3.186)	-0.142 *** (-4.603)	-0.075 * (-1.773)
roa	0.188 (0.616)	-0.271 (-1.030)	-0.053 (-0.149)
lnsize	0.267 *** (17.390)	0.208 *** (15.729)	0.137 *** (7.623)
dfl	0.005 (0.462)	-0.005 (-0.480)	0.005 (0.344)
board	0.018 * (1.808)	0.012 (1.406)	-0.002 (-0.152)
indboard	-0.002 (-0.078)	-0.020 (-0.907)	0.048 (1.549)
lnage	0.834 *** (8.320)	0.864 *** (10.018)	0.490 *** (4.170)
ten	-0.294 *** (-2.968)	-0.490 *** (-5.746)	-0.088 (-0.752)
Constant	-2.967 *** (-9.843)	-2.714 *** (-10.467)	-1.698 *** (-4.801)
企业固定效应	控制	控制	控制
年份固定效应	控制	控制	控制
观测值	12413	12413	12413
R-squared	0.775	0.732	0.595

（二）替换估计模型

1. 似不相关回归模型

现实中，企业在进行决策时往往不只考虑一种专利形式的研发，专利形式之间可能存在某种联系，而且由于同一家企业的不可观测因素可能同时对各类型专利产生影响，导致回归方程之间的扰动项是相关的，选取联合估计方法可以避免单一方程估计的有偏性。由于"似不相关"估计（SUR）可以处理各方程变量之间不存在内在联系，但扰动项之间存在相关性的情况。因此，本章基于多方程系统采用"迭代似不相关"回归模型进一步分析了环境信息披露的实质性创新效应。根据创新产出（Y）的构成，用发明专利 I（Y_1）、非发明专利 S（Y_2）构建一组多方程回归模型，进行实证分析。各方程的扰动项之间拒绝了"无同期相关"的原假设，使用迭代似不相关进行估计可以提高估计的效率，回归结果如表5-8所示。由 Panel A 可知，环境信息披露对发明专利和非发明专利申请量的系数分别为0.517和0.441，并均在1%的显著性水平上显著；由 Panel B 可知，环境信息披露对发明专利和非发明专利授权量的系数分别为0.436和0.437，并均在1%的显著性水平上显著。据此，环境信息披露可以增加企业发明专利的数量，这说明环境信息披露可以促进企业的实质性创新，进一步验证了基准回归结果的稳健性。

表5-8　"似不相关"估计结果

	（1） 发明专利	（2） 非发明专利
Panel A：专利申请量		
Disclosure	0.517*** （19.515）	0.441*** （15.026）
控制变量	控制	控制
观测值	17213	17213
R-squared	0.170	0.167
Panel B：专利授权量		
Disclosure	0.436*** （21.022）	0.437*** （15.208）
控制变量	控制	控制
观测值	17213	17213
R-squared	0.161	0.165

2. 零膨胀负二项回归模型

专利数据具有非负整数的离散计数特征，可以使用泊松模型或者负二项模型进行估计。其中，泊松回归需要满足期望与方差相等的"均等分散"前提，即

環境信息披露的創新效應研究

$E(Y_i \mid x_i) = Var(Y_i \mid x_i)$。首先，该部分描述了专利数据的统计特征，如表5-9所示。由此可知，创新变量的方差均明显大于期望，说明存在过度分散的现象，应使用负二项模型进行估计。进一步，考虑到计数数据中含有大量的"0"值，本章采用"零膨胀负二项回归"方法进行稳健性检验，回归结果如表5-10所示。由此可知，环境信息披露对发明专利的申请量、授权量及引用次数的系数均显著为正，说明环境信息披露显著促进了企业的实质性创新，基准回归结果是稳健的。

表5-9　专利数据的基本信息

	发明专利申请量	发明专利授权量	专利引用次数
均值	12.530	5.141	7.131
方差	1252.880	491.760	1018.441
"0"值占比（%）	42.69	54.70	69.89
观测值	17213	17213	17213

表5-10　零膨胀负二项回归结果

	（1）发明专利申请量	（2）发明专利授权量	（3）授权专利引用次数
Disclosure	0.629*** (16.147)	0.763*** (17.351)	0.127** (2.406)
lev	0.150 (1.376)	-0.920*** (-7.451)	-0.057 (-0.352)
atr	-0.407*** (-10.788)	-0.568*** (-13.452)	0.122** (2.074)
roa	2.689*** (5.831)	-0.729 (-1.409)	2.337*** (3.502)
lnsize	0.498*** (32.564)	0.449*** (24.374)	0.319*** (13.279)
dfl	-0.176*** (-9.502)	-0.198*** (-9.879)	-0.092*** (-3.204)
board	-0.125*** (-8.179)	-0.145*** (-8.012)	-0.016 (-0.735)
indboard	0.155*** (3.531)	0.362*** (7.233)	0.291*** (4.466)
lnage	-0.075** (-2.158)	-0.157*** (-3.470)	-0.183*** (-3.531)

续表

	（1） 发明专利申请量	（2） 发明专利授权量	（3） 授权专利引用次数
ten	−0.789 *** （−7.188）	−0.709 *** （−5.675）	−0.440 *** （−2.708）
企业固定效应	控制	控制	控制
年份固定效应	控制	控制	控制
观测值	17213	17213	17213

注：* 、* * 、* * * 分别表示在10%、5%、1%的水平上显著，括号内为 t 值；模型中 inflate 判断方程均采用 logit 模型，所包含变量为所有的控制变量。

3. 替换样本区间

2015 年正式实施的新《环境保护法》被称为史上最严格的环保法，在很大程度上提高了公众参与度和企业环境违规处罚力度，对企业的环境信息披露质量具有提升作用，这可能会影响并改变企业的创新动机。因此，该部分进一步剔除了 2015 年及以后的样本进行分析，估计结果如表 5−11 所示。由此可知，环境信息披露的系数仍显著为正，与基准结果一致，再次验证了结果的稳健性。

表 5−11　替换样本区间的稳健性结果

	（1） 发明专利申请量	（2） 发明专利授权量	（3） 授权专利引用次数
Disclosure	0.217 *** （8.160）	0.222 *** （10.301）	0.111 *** （3.455）
lev	0.092 （1.186）	−0.040 （−0.627）	0.030 （0.323）
atr	−0.002 （−0.055）	−0.062 ** （−2.246）	−0.102 ** （−2.495）
roa	0.111 （0.401）	−0.196 （−0.870）	−0.092 （−0.274）
ln*size*	0.189 *** （12.860）	0.138 *** （11.524）	0.150 *** （8.431）
dfl	−0.002 （−0.156）	0.002 （0.287）	0.021 * （1.768）
board	0.005 （0.485）	0.003 （0.386）	0.012 （1.034）

	（1） 发明专利申请量	（2） 发明专利授权量	（3） 授权专利引用次数
indboard	0.008 (0.338)	−0.057*** (−2.940)	0.005 (0.160)
lnage	1.039*** (10.288)	0.787*** (9.615)	0.886*** (7.249)
ten	−0.122 (−1.247)	−0.212*** (−2.678)	−0.253** (−2.142)
Constant	−3.095*** (−10.703)	−2.151*** (−9.170)	−2.603*** (−7.437)
企业固定效应	控制	控制	控制
年份固定效应	控制	控制	控制
观测值	12516	12516	12516
R−squared	0.758	0.689	0.628

五、本章小结

"既要金山银山，也要绿水青山"的绿色发展理念对企业管理和经济发展提出了新的要求。考虑到发明专利对经济发展的作用远超于实用新型专利和外观设计专利，本章进一步分析了环境信息披露对企业创新动机的影响和作用机制，更深层次地探究了环境信息披露是否可以实现环境保护与经济发展并行不悖的发展目标，并为环境信息披露制度的建立与完善提供经验证据。本章研究发现：

第一，环境信息披露能够显著提高企业的实质性创新水平，该结果有别于宏观产业政策、融资融券等其他制度因素而引发的"创新假象""专利泡沫"问题，即企业为了寻求政府扶持、稳定公司股价等目的片面追求创新数量的策略性专利行为。这主要是因为节约资源和保护环境作为我国的基本国策，具有长远、全局和战略高度以及全民参与性，市场可以根据环境信息进行择优选择，倒逼企业主动提升综合竞争力。

第二，环境信息披露通过治理机制和信息机制改善了企业的创新动机，激励企业进行高质量创新。这反映出环境信息披露可以提高企业信息的透明度，降低信息不对称和代理成本，从公司治理角度改善了管理者短视的行为，促使管理层做出符合企业长期、可持续发展目标的决策。而且，环境信息披露增加了外部环境关注压力，企业只有注重环境信息的真实性和有效性，才能避免负面信息造成的股价波动和市值损失，企业为实现具有合法性的环境表现倾向于进行实质性创新。但是，现阶段，短视投资者占比和创新评价体系制约了治理机制的作用效果。

第三，考虑企业污染程度、高管薪酬和所属地区的异质性后，发现：①企业的污染程度不具有异质性影响，环境信息披露均显著促进了上市公司的实质性创新和策略性创新，但作用大小存在显著差异；②与高管薪酬较高的企业相比，薪酬较低的企业披露环境信息对实质性创新具有明显的促进作用；③除东北地区以外，其他地区进行环境信息披露的企业均促进了实质性创新，尤其是西部地区。

第六章 新《环境保护法》对重污染企业环境信息披露创新效应的影响

前文主要基于公司治理层面探讨了环境信息披露对企业创新的影响及作用机制。2015 年，新《环境保护法》正式实施将重点排污企业的环境信息披露上升至法律层面，对重污染企业具有更强的约束性。政策法规的出台会影响利益相关者的既得利益，企业可能存在"上有政策，下有对策"的"打擦边球"行为（李百兴、王博，2019）。因此，现阶段，仅从公司治理层面研究环境信息披露的创新效应，可能忽视其他的外界因素。进一步，本章从立法层面将新《环境保护法》的实施作为外生冲击，重点关注法律的修订实施对重污染企业环境信息披露创新效应的影响及其作用机制。

一、新《环境保护法》对企业创新的影响及机制研究

2015 年 1 月 1 日开始实施的新《环境保护法》被普遍称之为"史上最严"的环保法，主要从以下几个方面提高了重点排污企业的治理责任与处罚力度：第一，加大违法违规企业的惩罚力度，采取按日计罚、责令停产停业、行政拘留等措施；第二，增强地方政府的环保责任，明确监督管理的职责；第三，强调信息公开和公众参与，提高信息透明度，建立环境治理监督机制；第四，奖励保护和改善环境成绩突出的单位和个人，提高环境保护的主观能动性。其中，与本章研究主题直接相关的是新《环境保护法》强化了信息公开机制，一是明确公民、法人和其他组织依法享有获取环境信息、参与和监督环境保护的权利；二是明确

各级政府环境信息公开内容，要求政府部门依法公开环境状况和质量信息；三是要求重点排污单位如实公开污染物等信息，接受社会监督，并提高公众参与度，如征求公众意见、违法行为举报等。因此，新《环境保护法》的实施将环境信息披露上升至法律层面，强制重点排污企业如实披露环境信息，这可能在一定程度上改变企业的创新行为。本章从企业、政府、公众三个层面，分析新《环境保护法》实施对重污染企业环境信息披露与创新行为的作用机制。

（一）企业层面

由于代理问题的存在，经理人存在利己主义会选择风险较低的项目，或者为维护股东利益做出股东财富最大化而不是企业价值最大化的次优投资决策，成为影响企业投资效率的关键因素（Firmansyah and Triastie，2020）。部分学者从社会责任层面研究了企业社会责任与投资效率的关系，认为企业社会责任可以改善企业的投资效率，社会责任绩效能够直接影响企业的投资决策，社会责任绩效较高的企业其信息透明度较高并具有良好的管理实践，能够有效降低非效率投资，提高投资效率（Benlemlih and Bitar，2016）。而且，社会责任表现还可以通过市场缺陷、代理人冲突和信息不对称的互补效应间接影响企业的投资决策，例如，社会责任绩效限制了可用的自由现金流，抑制自利的经理人投资无利可图的项目，从而避免企业过度投资（Samet and Jarboui，2017）。相反，也有学者认为社会责任表现无法改善企业的投资效率。管理者采取低成本的社会责任举措、利益相关者的差异化需求以及社会责任对信息环境的改善程度等都可能是社会责任不能提高投资效率的因素（Cook et al.，2019）。环境表现较差的企业存在隐瞒负面信息、披露较多的定性信息和较少的定量信息以及"漂绿"行为等可能，从而不利于提高企业的投资效率。加上环境法规增加了重点排污企业的环境政策性风险，增大了投资项目与资本市场的信息不对称，降低投资效率甚至导致投资不足（许松涛、肖序，2011；Luo，2017）。杨志强和李增泉（2018）也认为企业面临的不确定性会降低投资效率，导致投资不足或过度投资。因此，史上最严格的新《环境保护法》实施后，势必对重污染企业产生重大影响，企业可能会缩减生产规模或增加环境治理投资，这将导致其偏离以经济利益为目标的生产和投资方向，降低企业的生产和投资效率。但是，企业的目的是为了在竞争中更好的生存，认真履行环保责任、披露翔实的环境信息本身是一种潜在的竞争优势（陈璇、钱维，2018）。另外，新《环保护法》对治污成果突出企业的奖励性措施，降低了企业环境保护的不确定性，从而增强企业的技术创新动机（李百兴、王博，2019）。而且，传统的环境治理成本并不一定能被企业收益所抵消，进一步加大了企业依赖技术创新获得创新补偿和先发优势的可能性。已有研究表明，R&D 投入与投资效率正相关，R&D 投入越多，投资效率越高，但是这种促进作用需要 R&D 投入积累到一定的规模才能显现，具有积累效应和门槛效应（吴良海等，2015；张玉兰等，2019）。据此，新《环境保护法》可能通过影响企业的研发投入和投资效率，进而影响企业的创新行为。

（二）政府层面

新《环境保护法》明晰了政府环境管理的主体责任，具有提供制度供给、公共政策和服务，以及依法进行环境监督和执法的基本职能。地方政府对微观企业的补助是政府最直接、最直观的扶持方式，能够有效反映出政府资金配置与偏好的改变。已有研究表明，政府补助已经在环保投入、绿色信贷等环境规制方面对企业创新转型具有显著的调节作用（李园园等，2019；谢乔昕、张宇，2021）。原因可概括为以下两点：第一，政府补助为企业创新投入提供资金。政府补助为企业提供"隐性担保"，通过向外界传递信号间接地为企业吸引社会资金，缓解企业融资约束、降低创新成本，从而激励企业进行创新（郭玥，2018；俞会新等，2020）。第二，政府补助降低了企业的研发风险。由于创新活动具有风险性高、不确定性大等特点，政府补助在一定程度上为企业的研发活动承担了前期启动风险，降低了企业损失预期值（张慧雪等，2020）。

基于政企关联对企业决策的重要影响，部分国内学者对政府补助的创新效应持否定态度。第一，寻租行为减弱了政府补助对企业创新的激励作用。"言行不一"的企业披露社会责任信息以向政府寻租，地方政府在税收执法方面给予照顾，降低了企业的实际税负（邹萍，2018），但企业寻租行为的发生没有增加企业的资本投入，从而减弱了政府补助对企业创新活动的激励效应（魏志华等，2015；赵树宽等，2017）。第二，政府补贴加剧了企业粉饰表面的策略性创新能力，企业为了迎合官员的政治需求以获得更多的财税补助，倾向于短期的成果创新而不是难度大、周期长、风险高的高质量创新（黎文靖、郑曼妮，2016）。此外，政企关联是"政府干预"的后果，地方政府也会将经济、社会目标转嫁到关联企业以完成上级考核要求。例如，当实际利用外资作为地方政府的考核指标时，"外资政绩冲动"则易招致片面追求外资数量的现象，并将资源倾向于外资企业。因此，政治寻租行为显然涉及资源的优化配置问题。乐菲菲和张金涛（2018）考虑创新资源的配置问题，将政治关联影响企业创新的作用路径概括为"政治关联—创新资源引入—创新资源配置—创新成果产出"，而且，资本配置不足会抑制企业的创新投资（马连福、高塬，2020）。那么，如果新《环境保护法》能弱化政治关联，改善政府补贴的偏好，从而优化企业的资源配置，就可能促进企业的实质性创新。已有研究表明，新《环境保护法》的实施增强了环境规制对重污染企业的内部激励作用，以及政府补贴和环境规制共同形成的外部激励作用，使重污染企业进行以减少污染排放、优化生产流程为目的的创新活动（张根文等，2018）。同时，曹越等（2020）认为政府为了将污染排放水平控制在标准水平内会对企业采取干预措施，并发现新《环境保护法》对重污染企业投资效率的提升作用是通过抑制投资过度而不是改善投资不足达成的。因此，新《环境保护法》明确了政府环保职责并改善了政企关系，减少了寻租行为，政府为履行环保职责，通过改变对不同投资效率企业的补贴策略，优化了创新资源配置，即增加投资不足（放弃净现值为正的项目）企业的政府补助或者减少过度投资（投资净现值为负的项目）企业的政府补助以提高创新质量，减少企业的策略性创新行为。据此，本章认为在新《环境保护法》的严格约束下，政府补助可以改善企业的创新动机。

（三）公众层面

根据合法性理论，企业披露环境信息的动机是为了被社会公众认可从而获得合法性地位。由于新《环境保护法》强制重点排污的企业如实披露环境信息，迫使企业提供更全面、更真实、更高质量的非财务信息，进而打破了股权利益相关者与非股权利益相关者间的平衡，提升了非股权利益相关者的话语权，企业制定经营目标的过程中除考虑股权利益相关者的需求外，还要考虑非股权利益相关者的公共诉求（钟马、徐光华，2017）。因此，该部分探讨的社会公众主要是指企业外部的非股权利益相关者。

新《环境保护法》实施前，部分存在"漂绿"行为的企业被曝光的概率极低，企业可以策略性披露社会责任信息以隐瞒负面信息甚至欺骗市场（Du，2015）。然而，新《环境保护法》引入的公众监督机制，有效地提高了公众参与度与知情权，改善了企业隐瞒负面信息的机会主义行为，并提高了企业环境违法行为曝光的概率和违法成本（王晓祺等，2020）。例如，辉丰股份"环保门"事件导致的资本信任危机、① 振华公司被投诉的"雾霾环境公益诉讼案"。② 在企业环境问题被曝光的过程中，媒体作为主要的信息传播媒介，其报道内容的倾向性与公众的判断具有高度一致性（McCombs and Reynolds，2002），对发展中国家的环境治理具有一定作用。一方面，媒体报道等公共监督机制提高了地方政府对环境治理问题的关注度，督促政府切实履行环保职责，从侧面降低寻租行为发生的可能性，改善地方政府的环境治理投资从而改善环境污染状况（郑思齐等，2013）。另一方面，媒体负面信息的报道对企业具有震慑作用，由于不确定的环境问题风险和社会舆论压力增加了企业的危机意识和潜在的环境成本，企业管理者会权衡环境污染成本与环境投资收益的大小并根据对未来政策方向的预判进行科学的决策。在严格的法律监管和媒体关注下，会增加企业面临的监管压力，使环境成本内部化。基于合规动机，当企业环保投资收益无法抵消投资成本时，企业不会选择进行环保投资，而是选择缩减生产规模以降低环境成本和风险；基于竞争优势动机，即使环保投资收益无法抵消投资成本，企业出于长期发展的考虑会积极进行研发创新，从而实现清洁生产并获得创新补偿和先发优势（姜英兵、崔广慧，2019；彭文平、潘昕彤，2020），尤其是当环境保护成本高于创新的预计成本时，企业更有动力进行创新（王晓祺等，2020）。而且，媒体的负面报道增加了企业的声誉风险，使原本环境风险较高的企业"雪上加霜"，基于预防性动机，企业更有可能通过技术的革新实现清洁生产。同时，已有研究表明了媒体关注对企业环境治理的作用，如可以提高环境信息披露质量（杨广青等，2020）。据此，本章认为新《环境保护法》实施后，公众参与度的提高特别是媒体在信息传播中的作用会影响环境信息披露的创新效应。

二、研究设计

（一）模型设定与变量说明

本章利用 2003～2017 年沪、深 A 股上市公司的数据，将新《环境保护法》

---

① 2018 年 3 月，经群众举报，辉丰股份及其全资子公司华通化学因环保问题接受环保部督察的消息被媒体曝光，其市值大幅缩水，且受到行政处罚并依法被起诉。

② 2016 年，中华环保联合会起诉振华公司的"雾霾环境公益诉讼案"，最终判处振华公司罚金 2198.36 万元，并要求其在省级以上媒体公开道歉。

的实施作为外生冲击，重点关注环境信息披露对重污染企业创新行为的影响与作用机制。第一，根据企业的不同特征进行倾向得分匹配，考虑到部分企业的环境信息披露行为不具有持续性，从而采用"k近邻匹配"（$k=4$）方法进行逐年匹配为处理组（$i \in \{Disclosure_{it}=1\}$）匹配到尽可能相似的对照组（$j \in \{Disclosure_{it}=0\}$），即 $x_i = x_j$，平衡性检验结果如表 6-1 所示。以 2003 年为例，经过匹配后的变量其标准化偏差基本小于 10%，且 p 值都大于 0.1，t 检验的结果可以接受处理组与对照组无系统性差异的原假设，说明披露环境信息与未披露环境信息的上市公司不存在显著差异。所以，根据"k近邻匹配"（$k=4$）方法得到的匹配样本满足平衡性假设。第二，对匹配前后的两组样本倾向得分的概率分布进行分析，检验匹配后处理组和对照组是否满足重叠假设，保证倾向得分取值范围有较大的重叠部分，不存在倾向得分共同取值的范围较小导致偏差的情况。如图 6-1 所示，匹配前，处理组和对照组的倾向得分差异较大；匹配后，处理组和对照组的倾向得分较为接近，而且取值范围的重叠区域较大。据此，经匹配得到的样本满足重叠假定。

表 6-1 2003 年平衡性检验结果

| 变量 | 样本 | 均值差异检验 | | | 标准化差异检验 | |
		处理组	对照组	t 检验（p 值）	标准化差异	降幅
lev	匹配前	0.449	0.475	−1.040（0.301）	−15.800	98.900
	匹配后	0.456	0.457	−0.010（0.991）	−0.200	
atr	匹配前	0.720	0.700	0.360（0.722）	5.500	−29.200
	匹配后	0.708	0.682	0.490（0.626）	7.100	
roa	匹配前	0.053	0.037	2.950***（0.004）	45.900	78.900
	匹配后	0.047	0.043	0.670（0.503）	9.700	

续表

变量	样本	均值差异检验			标准化差异检验	
		处理组	对照组	t 检验 （p 值）	标准化差异	降幅
lnsize	匹配前	8.062	7.821	1.550 （0.122）	23.900	86.300
	匹配后	7.931	7.898	0.220 （0.829）	3.300	
dfl	匹配前	1.544	1.732	−1.070 （0.286）	−16.200	90.800
	匹配后	1.603	1.620	−0.100 （0.923）	−1.500	
board	匹配前	10.326	9.590	2.440** （0.016）	37.700	82.400
	匹配后	10.024	10.153	−0.450 （0.651）	−6.600	
indboard	匹配前	3.411	3.090	2.750*** （0.007）	42.100	72.500
	匹配后	3.306	3.394	−0.800 （0.425）	−11.600	
lnage	匹配前	2.102	2.219	−2.100** （0.037）	−31.900	98.700
	匹配后	2.113	2.115	−0.030 （0.977）	−0.400	
ten	匹配前	0.635	0.608	1.600 （0.111）	24.600	67.500
	匹配后	0.630	0.621	0.560 （0.579）	8.000	
Pseudo R^2	匹配前	0.096				
	匹配后	0.006				

注：*、**、***分别表示在 10%、5%、1% 的水平上显著。

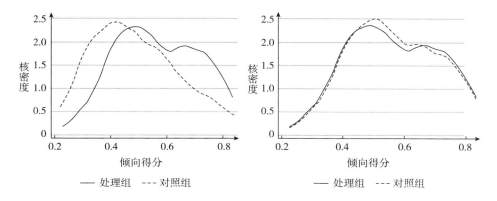

图 6-1 匹配前（左）、匹配后（右）倾向得分的核密度函数图（2003 年）

进一步，使用双重差分方法对匹配后的样本数据进行分析，构建如下模型：

$$\ln Patent_{it} = \alpha_0 + \alpha_1 treated_{it} + \alpha_2 time_{it} + \alpha_3 time_{it} \times treated_{it} + \alpha_4 X_{it} + \varepsilon_{it} \qquad (6-1)$$

其中，i 代表企业，t 代表年份。$Patent_{it}$ 为企业的创新产出，包括专利申请总量、专利授权总量、发明专利的申请、授权量，以及非发明专利的申请量和授权量；X_{it} 为控制变量，ε_{it} 为随机扰动项。$treated$ 为分组虚拟变量，如果企业 i 受政策实施的影响，即新《环境保护法》实施后，披露环境信息的企业则为处理组（$treated = 1$），如果企业未披露环境信息则为对照组（$treated = 0$）。$time$ 为政策实施的虚拟变量，新《环境保护法》实施后，时间虚拟变量取值为 1，即当 $t \geq 2015$ 时，$time = 1$，否则为 0。$time \times treated$ 为分组虚拟变量与政策实施虚拟变量的交互项，其系数 α_3 可以衡量新《环境保护法》实施后，与未披露环境信息的企业相比，披露环境信息的企业在创新方面的平均处理效应，即新《环境保护法》实施后环境信息披露对创新变量的净效应。表 6-2 区分了以下四种情况：①披露环境信息的企业在新法实施前的情况；②披露环境信息的企业在新法实施后的情况；③未披露环境信息的企业在新法实施前的情况；④未披露环境信息的企业在新法实施后的情况。

表 6-2 DID 模型各系数解释

	新法实施后（$time = 1$）	新法实施前（$time = 0$）	差分
披露环境信息 （$treated = 1$）	$\alpha_0 + \alpha_1$	$\alpha_0 + \alpha_1 + \alpha_2 + \alpha_3$	$\alpha_2 + \alpha_3$

续表

	新法实施后（$time=1$）	新法实施前（$time=0$）	差分
未披露环境信息 （$treated=0$）	α_0	$\alpha_0+\alpha_2$	α_2
差分	α_1	$\alpha_1+\alpha_3$	α_3（DID）

进一步，为了更加精确地反映时间和个体特征，本章用 $Year_t$、$Industry_i$、$Region_i$ 分别代表年份、行业和地区固定效应并引入模型（6-1），代替 $treated$ 和 $time$ 变量，构建如下固定效应模型：

$$\ln Patent_{it}=\alpha_0+\beta time_{it}\times treated_{it}+\alpha_4 X_{it}+Year_t+Industry_i+Region_i+\varepsilon_{it} \qquad (6-2)$$

由于本章是在第五章的研究基础上，进一步探讨了新《环境保护法》的修订实施对重污染企业环境信息披露创新效应的影响。因此，本章仍然加入了以下控制变量（X_{it}）：①企业资产负债率（lev），用负债合计与资产总计的比值表示；②总资产周转率（atr），用营业收入与平均资产总额的比值表示，其中平均资产总额为资产合计期末余额和资产合计上年期末余额的平均值；③总资产净利润率（roa），用净利润与平均资产总额的比值表示；④企业规模（$\ln size$），用上市公司在册（在职）员工人数的对数值表示；⑤财务杠杆（dfl），用净利润、所得税费用和财务费用之和与净利润、所得税费用之和的比值表示；⑥董事会规模（$board$），用年末在任董事（含董事长）人数表示；⑦独立董事规模（$inboard$），用年末在任的独立董事人数表示；⑧企业经营年限（age），用当年年份减去企业成立年份表示；⑨股权集中度（ten），用前十位大股东持股比例之和表示。

（二）数据处理与描述性统计

本章根据环境保护部（现为中华人民共和国环境保护部）出台的《上市公司环境信息披露指南》（征求意见稿），将从事火电、钢铁、水泥、电解铝、煤炭、冶金、化工、石化、建材、造纸、酿造、制药、发酵、纺织、制革和采矿业的企业作为重污染企业，并进行了如下数据处理：①剔除ST、*ST类和金融业的样本；②剔除相关财务指标存在缺失的样本；③剔除企业总资产周转率、资产负债率、净利润率小于0的样本；④剔除已退市和当年上市的样本。在此基础上，对所有连续变量按1%和99%的分位数进行winsorize缩尾处理，数据来源于国泰安（CSMAR）和中国研究数据服务平台（CNRDS）数据库。变量的描述性统计如表6-3所示，由表6-3可知，专利的申请量和授权量基本服从正态分布。发明专利申请量的均值为1.544，授权量的均值为0.957，相对于非发明专利的申请、授权情况，发明专利申请量与授权量的差值较大，符合专利授权的现实特点。

表6-3　变量描述性统计

变量	变量名	均值	中位数	标准差	最小值	最大值	样本量
lnapply	专利申请量	2.214	2.303	1.504	0	6.519	2743
lniapply	发明专利申请量	1.544	1.386	1.315	0	6.240	2743
lnsapply	非发明专利申请量	1.582	1.386	1.460	0	6.213	2743
lngrants	专利授权量	1.879	1.792	1.443	0	6.471	2743
lnigrants	发明专利授权量	0.957	0.693	1.092	0	5.583	2743
lnsgrants	非发明专利授权量	1.501	1.386	1.434	0	6.240	2743
disclosure	环境信息披露	0.094	0	0.292	0	1.000	2743
lev	资产负债率	0.464	0.483	0.179	0.052	0.855	2743
atr	总资产周转率	0.844	0.738	0.437	0.095	2.774	2743
roa	总资产净利润率	0.048	0.038	0.041	0.001	0.222	2743
lnsize	企业规模	8.168	8.137	1.022	4.078	10.93	2743
dfl	财务杠杆	1.694	1.272	1.160	0.502	8.699	2743
board	董事会规模	9.155	9.000	1.699	5.000	15.000	2743
indboard	独立董事规模	3.287	3.000	0.605	2.000	5.000	2743
lnage	经营年限	2.635	2.708	0.375	1.609	3.367	2743
ten	股权集中度	0.569	0.572	0.143	0.232	0.903	2743

　　进一步，为了说明本章采用双重差分倾向得分匹配法（PSM-DID）所得结果的有效性，首先验证了样本是否满足平行趋势假定这一假设前提，即在新《环境保护法》实施前，处理组与对照组结果变量的变化趋势应保持一致。图6-2展示了新《环境保护法》实施前后重污染企业发明专利授权量的变化趋势。可以发现，新《环境保护法》实施前，披露环境信息的企业与未披露环境信息的企业在专利授权量增长趋势上基本一致；新《环境保护法》实施后，处理组和对照组之间存在明显不同，处理组的专利授权量呈现出明显的上升趋势，而对照组的上升趋势较弱。这说明样本满足平行趋势假设，倾向得分匹配方法的分组结果有效。

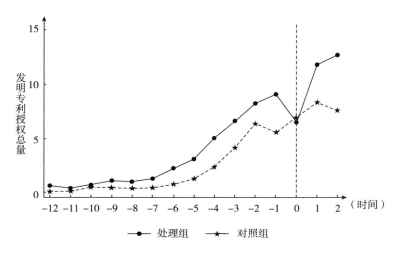

图 6-2 平行趋势检验

三、实证结果分析

（一）基准回归结果分析

本章在第五章异质性分析结果的基础上，采用双重差分倾向得分匹配法（PSM-DID）重点分析了新《环境保护法》实施对重污染企业环境信息披露的创新效应存在何种影响，基准回归结果如表 6-4 所示。其中，第（1）～（3）列是对企业专利申请量的影响，第（4）～（6）列是对企业专利授权量的影响。从专利申请量来看，当被解释变量为专利申请总量时，$time×treated$ 的系数为 0.135，但未通过统计显著性检验；当被解释变量为发明专利申请量时，$time×treated$ 的系数为 0.209，并在 5% 的水平上显著。这说明，新《环境保护法》实施后，进行环境信息披露的重污染企业其发明专利申请量增加了 20.90%。当被解释变量为非发明专利时，$time×treated$ 的系数为 0.135，未通过统计显著性检验。此外，从专利授权量来看，当被解释变量为发明专利授权量时，$time×treated$ 的系数为 0.353，并在 1% 的水平上显著。这说明，新《环境保护法》实施后，披露环境信息的企业其发明专利授权量增加了 35.30%。而对于非发明专利而言，$time \times treated$ 的系数分别为 0.076，且未通过统计显著性检验。回归结果表明，对于进行环境信息披露的重污染企业来说，新《环境保护法》的实施效果主要体现在创新动机的改善方面，显著促进了企业的实质性创新，并且对策略性创新没有显著影响。因此，新《环境保护法》的实施从立法层面要求企业如实披露环境信息，同时明确政府的环保监督职责并引入公众监督机制，促使企业向着绿色环保、节能减排等方面转变，从而刺激企业进行高质量的实质性创新，优化了专利结构。

表 6-4　基准回归结果

	专利申请量			专利授权量		
	（1）申请总量	（2）发明专利	（3）非发明专利	（4）授权总量	（5）发明专利	（6）非发明专利
$time \times treated$	0.135 (1.393)	0.209** (2.416)	0.135 (1.390)	0.135 (1.479)	0.353*** (4.910)	0.076 (0.796)
lev	0.052 (0.293)	0.073 (0.465)	0.032 (0.181)	0.054 (0.322)	0.073 (0.553)	0.001 (0.005)
atr	−0.034 (−0.553)	−0.115** (−2.084)	0.035 (0.560)	−0.010 (−0.175)	−0.095** (−2.068)	0.046 (0.750)
roa	1.402** (1.989)	1.497** (2.385)	−0.236 (−0.334)	0.353 (0.531)	0.280 (0.536)	−0.537 (−0.777)
$\ln size$	0.473*** (15.297)	0.378*** (13.743)	0.440*** (14.216)	0.444*** (15.240)	0.266*** (11.609)	0.443*** (14.621)
dfl	−0.066*** (−2.669)	−0.076*** (−3.441)	−0.031 (−1.256)	−0.078*** (−3.318)	−0.079*** (−4.269)	−0.051** (−2.077)
$board$	0.043* (1.799)	0.052** (2.486)	0.003 (0.128)	0.017 (0.767)	0.028 (1.600)	−0.010 (−0.424)
$indboard$	0.062 (0.944)	0.106* (1.804)	0.053 (0.800)	0.038 (0.610)	0.070 (1.424)	0.037 (0.577)
$\ln age$	−0.242*** (−2.700)	−0.237*** (−2.969)	−0.149* (−1.664)	−0.248*** (−2.936)	−0.162** (−2.438)	−0.185** (−2.105)
ten	0.450** (2.316)	0.242 (1.402)	0.472** (2.429)	0.090 (0.491)	−0.203 (−1.413)	0.364* (1.916)
Constant	−1.823*** (−4.787)	−1.785*** (−5.267)	−2.083*** (−5.460)	−1.341*** (−3.736)	−1.024*** (−3.631)	−1.802*** (−4.831)

续表

	专利申请量			专利授权量		
	（1）申请总量	（2）发明专利	（3）非发明专利	（4）授权总量	（5）发明专利	（6）非发明专利
年份固定效应	控制	控制	控制	控制	控制	控制
行业固定效应	控制	控制	控制	控制	控制	控制
地区固定效应	控制	控制	控制	控制	控制	控制
观测值	2743	2743	2743	2743	2743	2743
R-squared	0.380	0.356	0.339	0.401	0.354	0.345

注：＊、＊＊、＊＊＊分别表示在10%、5%、1%的水平上显著，括号内为 t 值。下表同。

（二）作用机制

基准回归结果已证实新《环境保护法》实施后，披露环境信息的重污染企业显著地提高了其实质性创新水平。进一步，本部分从企业、政府、公众三个方面深入探究并检验了内在的影响机制。

1. 企业层面

根据前文中的作用机制分析，该部分选取了投资效率和研发支出作为中介变量。其中，研发支出（lnrdexp）用企业 i 在第 t 年的研发支出加 1 的自然对数值衡量；投资效率则根据 Richardson（2006）的做法，通过式（6-3）进行估算：

$$Inv_{it} = \alpha_0 + \alpha_1 Inv_{i,t-1} + \alpha_2 growth_{i,t-1} + \alpha_3 size_{i,t-1} + \alpha_4 lev_{i,t-1} + \alpha_5 age_{i,t-1} + \alpha_6 cash_{i,t-1} + \alpha_7 ret_{i,t-1} + Year + Indstry + \varepsilon_{it} \tag{6-3}$$

具体地，Inv 代表企业的投资支出，t 代表当期，$t-1$ 代表上一年度；$growth$ 为营业收入增长率，衡量企业的成长性水平；$size$ 为企业规模，用企业年末总资产的自然对数值表示；lev 为企业的资产负债率，用企业年末总负债与年末总资产之比表示；age 为企业的上市年龄，用当前年度与上市年度之差加 1 表示；$cash$ 为企业的现金持有量，用企业货币资金、短期投资之和与年末总资产的比值表示；ret 为企业的超额回报率，用现金红利再投资年度回报率与 A 股市场年回报率的差值表示。$Year$、$Industry$ 分别表示年份和行业虚拟变量。首先，通过式（6-3）得到各企业 t 年预期的投资支出；其次，利用企业的实际投资支出与预期值做差，得到的差额即为未预期的投资支出 ε_{it}；最后，根据 ε_{it} 与 0 的大小关系，确定企业投资效率的类别：当 $\varepsilon_{it}>0$ 时，代表企业过度投资；反之，当 $\varepsilon_{it}<0$ 时，代表企业投资不足。

在此基础上，借鉴温忠麟和叶宝娟（2014）的中介效应分析方法，构建如下模型：

$$\ln Patent_{it}=\alpha_1+ctime_{it}\times treated_{it}+\gamma_1 X_{it}+Year_{t1}+Industry_{i1}+Region_{i1}+\varepsilon_{it1} \tag{6-4}$$

$$M_{it}=\alpha_2+atime_{it}\times treated_{it}+\gamma_2 X_{it}+Year_{t2}+Industry_{i2}+Region_{i2}+\varepsilon_{it2} \tag{6-5}$$

$$\ln Patent_{it}=\alpha_3+c'time\times treated_{it}+bM_{it}+\gamma_3 X_{it}+Year_{t3}+Industry_{i3}+Region_{i3}+\varepsilon_{it3}$$

$$\tag{6-6}$$

其中，i 代表上市公司，t 代表年份，M 为中介变量。式（6-4）为基准回归模型，系数 c 为新《环境保护法》实施后，环境信息披露对企业创新变量影响的总效应；式（6-5）的系数 a 为环境信息披露对中介变量的影响效应；式（6-6）的系数 b 为控制环境信息披露影响后，中介变量对创新变量的影响效应，ab 则为中介效应；系数 c' 为在控制中介变量的影响下，新《环境保护法》实施后环境信息披露对创新变量的直接效应。

（1）投资效率。新《环境保护法》实施后，披露环境信息的重污染企业亟须改变投资结构以满足政府与公众的合法性，这可能在一定程度上损失企业的投资效率。因此，本章利用估算的投资效率进行中介效应分析，表6-5 报告了投资效率作为中介变量的机制检验结果。由表6-5 第（1）列可知，被解释变量为投资效率时，$time\times treated$ 的系数为 -0.025，并在 10% 的水平上显著。这说明新《环境保护法》实施后，对于进行环境信息披露的重污染企业来说，会显著降低其投资效率。进一步，将投资效率加入到基准回归中，结果如表6-5 第（2）列所示。由此可知，$time\times treated$ 的系数为 0.300，并在 1% 的水平上显著，而投资效率的系数为 -0.147，且未通过统计显著性检验。这说明，新《环境保护法》的实施虽然降低了企业的投资效率，但不是影响企业实质性创新的作用路径。此外，也对策略性创新进行了相应的机制检验，结果如表6-5 第（3）列所示。估计结果显示，$time\times treated$ 和投资效率变量均未通过统计显著性检验，表明新《环境保护法》的实施对企业的策略性创新行为不具有显著影响。据此，新《环境保护法》的实施确实可以降低投资效率，但投资效率并没有进一步地影响企业的创新动机。因此，由重污染企业环境信息披露引致的实质性创新行为，存在其他作用路径。

表 6-5　投资效率的中介效应

	(1) 投资效率	(2) 发明专利	(3) 非发明专利
time×treated	-0.025 * (-1.813)	0.300 *** (3.982)	0.053 (0.543)
投资效率	—	-0.147 (-1.330)	-0.169 (-1.167)
lev	0.131 *** (4.976)	0.035 (0.244)	0.011 (0.060)
atr	-0.014 (-1.514)	-0.123 ** (-2.478)	0.043 (0.666)
roa	0.543 *** (5.339)	0.354 (0.635)	-0.426 (-0.584)
lnsize	-0.009 * (-1.908)	0.282 *** (11.298)	0.440 *** (13.440)
dfl	-0.004 (-1.073)	-0.085 *** (-4.364)	-0.045 * (-1.747)
board	0.000 (0.069)	0.038 ** (2.067)	-0.003 (-0.114)
indboard	0.001 (0.137)	0.057 (1.101)	0.014 (0.201)
lnage	0.016 (1.205)	-0.180 ** (-2.464)	-0.193 ** (-2.013)
ten	0.127 *** (4.468)	-0.184 (-1.180)	0.300 (1.473)
Constant	-0.045 (-0.800)	-1.105 *** (-3.580)	-1.701 *** (-4.207)
年份固定效应	控制	控制	控制
行业固定效应	控制	控制	控制
地区固定效应	控制	控制	控制
观测值	2489	2489	2489
R-squared	0.062	0.365	0.354

　　（2）研发支出。新《环境保护法》实施后，企业面临投资效率下降的客观事实。本章进一步猜测，企业为了实现节能环保的绿色生产目标，从而增加研发投入方面的支出，以此提高了实质性创新水平。据此，本章利用企业的研发支出

作为中介变量进行机制检验，结果如表6-6所示。由表6-6第（1）列可知，被解释变量为研发支出时，$time \times treated$ 的系数为0.236，并在5%的水平上显著。这说明新《环境保护法》实施后，对于披露环境信息的重污染企业来说，可以显著地增加其研发支出。进一步，将研发支出变量加入到基准回归中，估计结果如表6-6第（2）列所示。由此可知，$time \times treated$ 的系数为0.303，并在1%的水平上显著，研发支出也在1%的显著性水平上显著为正。这说明，新《环境保护法》的实施通过增加企业的研发支出，促进了企业的实质性创新。因此，重污染企业在面临新《环境保护法》带来的投资效率下降问题时，也伴随着研发支出的增加，以期通过实质性创新提升产品市场竞争力或者降低污染治理成本。同样地，依然对非发明专利进行相应的机制检验，结果如表6-6第（3）列所示。估计结果显示，研发支出的增加可以显著地增加非发明专利授权量，但 $time \times treated$ 未通过统计显著性检验，表明新《环境保护法》的实施虽然增加了企业的研发支出，但并没有促进企业的策略性创新行为。据此，企业的研发支出是新《环境保护法》实施对重污染企业环境信息披露创新动机改善效应的作用路径，即通过提高研发支出可以促进企业的实质性创新。

表6-6　研发支出的中介效应

	（1） 研发支出	（2） 发明专利	（3） 非发明专利
$time \times treated$	0.236** （2.264）	0.303*** （3.987）	0.037 （0.376）
研发支出	—	0.218*** （12.711）	0.201*** （8.061）
lev	−0.101 （−0.436）	0.144 （0.853）	0.042 （0.188）
atr	0.300*** （3.820）	−0.239*** （−4.173）	0.056 （0.744）
roa	0.455 （0.522）	−0.291 （−0.459）	−0.472 （−0.568）
lnsize	0.675*** （16.122）	0.212*** （6.490）	0.383*** （8.960）
dfl	−0.127*** （−4.275）	−0.089*** （−4.081）	−0.041 （−1.451）

续表

	（1） 研发支出	（2） 发明专利	（3） 非发明专利
board	0.018 （0.610）	0.009 （0.400）	−0.009 （−0.301）
indboard	0.074 （0.867）	0.112* （1.809）	0.031 （0.381）
lnage	−0.438*** （−3.870）	−0.154* （−1.856）	−0.345*** （−3.179）
ten	0.743*** （3.063）	−0.693*** （−3.922）	−0.115 （−0.496）
Constant	12.171*** （24.806）	−3.686*** （−8.919）	−3.828*** （−7.070）
年份固定效应	控制	控制	控制
行业固定效应	控制	控制	控制
地区固定效应	控制	控制	控制
观测值	1873	1873	1873
R-squared	0.475	0.391	0.345

此外，新《环境保护法》的实施除明确要求重点监控企业进行环境信息披露外，还与政府、公众等其他主体有直接关系。据此，本章进一步考虑了政府环保职责与公众参与度的提升对企业创新动机的影响。

2. 政府层面

新《环境保护法》的实施除明确要求重点监控企业进行环境信息披露外，还明确了政府的环保监督职责。进一步，本章深入研究了新《环境保护法》实施后，政府补贴对于企业创新动机的影响，结果如表6-7所示。可以发现，当被解释变量为政府补贴时，$time×treated$ 的系数为 0.110，并在 10% 的水平上显著。这说明，对于进行环境信息披露的重污染企业来说，新《环境保护法》的实施显著地增加了其获得的政府补贴。由第（2）列可知，$time×treated$ 的系数为 0.235，并在 1% 的水平上显著，政府补贴也在 1% 的显著性水平上显著为正。这说明，政府补贴对于企业的实质性创新具有积极作用。

进一步，考虑到企业投资效率的差异，可能会影响政府补贴的作用效果。据此，本章根据企业的投资效率将样本分为过度投资组和投资不足组，进一步考察了政府补贴的中介效果。表6-8分别汇报了过度投资样本和投资不足样本的估计结果。在 Panel A 中，由第（1）列可知，当被解释变量为政府补贴时，*time×treated* 的系数为0.007，但未通过统计显著性检验。Panel B 中的第（1）列显示，*time×treated* 的系数为0.151，并在5%的水平上显著为正。这说明，新《环境保护法》实施后，对于投资不足的企业来说，披露环境信息可以获得更多的政府补贴。进一步，将政府补贴加入到基准回归中，估计结果如表6-8第（2）列所示。由此可知，*time×treated* 的系数为0.212，并在5%的水平上显著，政府补贴也在5%的显著性水平上显著为正。这说明，新《环境保护法》通过增加企业的政府补贴，提高了企业的实质性创新水平。因此，在新《环境保护法》实施后，政府需要对当地环境问题负责，通过对本身投资不足的企业进行补贴，能够更好地帮助企业履行环保职责，激励企业进行实质性创新。同样地，依然对策略性创新进行了相应的机制检验，结果如表6-8第（3）列所示。无论是过度投资的企业还是投资不足的企业，*time×treated* 均未通过统计显著性检验，表明新《环境保护法》的实施不能通过增加政府补贴影响重污染企业的策略性创新行为。据此，新《环境保护法》实施后，政府补贴是环境信息披露创新动机改善效应的作用机制，尤其是对于投资不足的企业来说，显著促进了企业的实质性创新。

表6-7　政府补贴的中介效应

	（1）政府补贴	（2）发明专利	（3）非发明专利
time×treated	0.110* (1.876)	0.235*** (2.822)	−0.054 (−0.491)
政府补贴	—	0.236*** (7.206)	−0.007 (−0.165)
控制变量	控制	控制	控制
观测值	1938	1938	1938
R-squared	0.219	0.336	0.294

表 6-8　政府补贴的中介效应（投资效率）

	（1） 政府补贴	（2） 发明专利	（3） 非发明专利
Panel A：过度投资			
time×treated	0.007 （0.067）	0.409*** （2.891）	−0.032 （−0.560）
政府补贴	—	0.246*** （5.475）	−0.032 （−0.560）
观测值	872	872	872
R-squared	0.217	0.414	0.359
Panel B：投资不足			
time×treated	0.151** （2.438）	0.212** （2.253）	−0.094 （−0.703）
政府补贴	—	0.151** （2.438）	0.034 （0.537）
观测值	1248	1248	1248
R-squared	0.282	0.333	0.289
控制变量	控制	控制	控制
年份固定效应	控制	控制	控制
行业固定效应	控制	控制	控制
地区固定效应	控制	控制	控制

3. 公众层面

本部分主要从公众层面考察新《环境保护法》对企业创新动机的影响。首先借鉴杨道广等（2017）和刘萌等（2019）的做法，根据上市公司被报刊财经新闻报道负面信息的次数构建了媒体关注度指标，即媒体报道的负面信息越少，公众的参与作用越高。其中，报刊选取了在我国报道及时、质量高、影响力大的八大主流财经报纸，包括《中国证券报》《上海证券报》《第一财经日报》《21世纪经济报道》《中国经营报》《经济观察报》《证券日报》和《证券时报》数据，来源于中国研究数据服务平台（CNRDS）。表 6-9 报告了媒体关注度的中介效应回归结果。从中可以发现，当被解释变量为媒体关注度时，*time×treated* 的系数为−4.715，并在1%的显著水平上显著为负。这说明，新《环境保护法》实施后，进行环境信息披露的企业被媒体报道的负面信息减少，表明公众参与度的提高可以改善企业的行为表现。进一步，将媒体关注度变量加入到基准回归中，估计结果如表 6-9 第（2）列所示。由此可知，*time×treated* 和媒体关注度的系数分别为 0.349 和 0.002，且均通过了统计显著性检验。这说明，新《环境保护法》的实施通过引入公众参与机制，促进了重污染企业的实质性创新。同样地，依然对策略性创新进行相应的机制检验，结果如表 6-9 第（3）列所示。估计结果显示，媒体关注度和 *time×treated* 均未通过统计显著性检验，这说明新《环境保护法》实施后，媒体的负面报道对企业的策略性创新行为不存在显著影响。据此，新《环境保护法》的实施通过引入公众参与机制促进了企业的实质性创新。

表 6-9　公众参与机制的中介效应

	（1） 媒体关注度	（2） 发明专利	（3） 非发明专利
time×treated	-4.715*** （-2.596）	0.349*** （4.611）	0.060 （0.602）
媒体关注度	—	0.002** （2.374）	0.0001 （0.107）
lev	3.014 （0.830）	0.190 （1.257）	0.042 （0.213）
atr	-2.767** （-2.212）	-0.114** （-2.190）	0.122* （1.792）
roa	109.933*** （7.848）	0.059 （0.100）	-0.002 （-0.002）
ln*size*	7.002*** （10.994）	0.280*** （10.304）	0.482*** （13.569）
dfl	0.668 （1.355）	-0.102*** （-4.974）	-0.053** （-1.991）
board	-0.154 （-0.319）	0.025 （1.262）	-0.006 （-0.241）
indboard	5.242*** （3.858）	0.097* （1.720）	0.047 （0.640）
ln*age*	4.705** （2.504）	-0.195** （-2.488）	-0.332*** （-3.249）

续表

	（1） 媒体关注度	（2） 发明专利	（3） 非发明专利
ten	-0.550 （-0.141）	-0.298* （-1.848）	0.208 （0.983）
Constant	-77.586*** （-9.696）	-0.947*** （-2.789）	-1.627*** （-3.664）
观测值	2282	2282	2282
R-squared	0.243	0.338	0.320
年份固定效应	控制	控制	控制
行业固定效应	控制	控制	控制
地区固定效应	控制	控制	控制

（三）异质性分析

1. 行业竞争属性

企业所属行业的市场竞争水平越高，创新过程中的摩擦成本越低，也越有可能参考行业标准进行创新策略调整（胡令、王靖宇，2020）。根据行业性质的不同，有的行业市场竞争压力较大；而有的行业则具有较高的垄断性，市场竞争压力较小，例如，石油加工业等进入壁垒较高的行业。Arrow（1962）发现与垄断性行业相比，竞争性行业往往可以获得较多的研发激励，良好的激励机制能够提高企业的研发力度和创新水平。据此，本章参照于良春和王美晨（2014）的划分标准，将从事石油和天然气开采业，石油、煤炭及其他燃料加工业的企业作为垄断性企业，其他则为竞争性企业。表6-10第（1）列、第（2）列汇报了垄断性企业与竞争性企业的异质性影响。结果显示，对于垄断性企业，*time×treated* 的系数为-0.632，并在10%的显著水平上显著，表明新《环境保护法》的实施显著抑制了垄断性企业的实质性创新；然而，对于竞争性企业，*time×treated* 的系数为0.385，并在1%的水平上显著，说明新《环境保护法》的实施提高了竞争性企业的实质性创新水平。这可能是由于新《环境保护法》加大了绿色产品市场竞争，企业通过进行绿色产品技术的研发以获得竞争优势。

表 6-10　异质性分析

	行业竞争属性		高管任期		产权性质		企业规模	
	垄断性	竞争性	任期长	任期短	国有	非国有	规模大	规模小
	（1） 发明专利	（2） 发明专利	（3） 发明专利	（4） 发明专利	（5） 发明专利	（6） 发明专利	（7） 发明专利	（8） 发明专利
$time \times treated$	-0.632 * （-1.767）	0.385 *** （5.237）	0.308 *** （3.502）	0.533 *** （3.637）	0.284 *** （2.705）	0.311 *** （3.113）	0.297 *** （2.873）	0.217 ** （2.105）
lev	-2.841 *** （-3.600）	0.149 （1.113）	0.172 （0.862）	-0.210 （-1.225）	-0.219 （-1.232）	0.330 （1.618）	-0.088 （-0.401）	-0.030 （-0.188）
atr	-0.340 （-1.232）	-0.088 * （-1.833）	-0.098 （-1.446）	-0.047 （-0.766）	-0.192 *** （-3.188）	-0.057 （-0.713）	-0.201 *** （-2.699）	-0.029 （-0.501）
roa	0.215 （0.064）	0.349 （0.662）	-0.350 （-0.457）	0.568 （0.809）	-0.415 （-0.570）	1.049 （1.376）	1.167 （1.387）	0.279 （0.440）
$lnsize$	-0.438 *** （-2.846）	0.253 *** （10.823）	0.318 *** （9.085）	0.199 *** （6.755）	0.222 *** （7.188）	0.288 *** （7.572）	0.419 *** （7.721）	0.158 *** （3.827）
dfl	0.082 （1.170）	-0.079 *** （-4.188）	-0.119 *** （-4.297）	-0.028 （-1.178）	-0.051 ** （-2.244）	-0.117 *** （-3.778）	-0.061 ** （-2.316）	-0.082 *** （-3.215）
$board$	0.302 （1.416）	0.025 （1.441）	0.009 （0.361）	0.038 （1.635）	0.041 * （1.726）	-0.014 （-0.508）	0.012 （0.471）	0.047 ** （2.019）
$indboard$	-0.426 （-1.017）	0.069 （1.395）	0.175 ** （2.467）	-0.035 （-0.535）	0.074 （1.140）	0.069 （0.885）	0.089 （1.253）	0.051 （0.752）
$lnage$	2.563 *** （3.314）	-0.157 ** （-2.329）	-0.393 *** （-4.005）	0.090 （1.016）	-0.292 ** （-2.484）	-0.159 * （-1.856）	-0.193 （-1.569）	-0.141 * （-1.807）
ten	0.799 （0.916）	-0.256 * （-1.750）	-0.391 * （-1.855）	0.041 （0.208）	0.337 （1.579）	-0.654 *** （-3.270）	-0.380 * （-1.709）	-0.352 * （-1.875）
Constant	-2.571 （-0.850）	-0.922 *** （-3.202）	-0.576 （-1.364）	-1.308 *** （-3.510）	-0.591 （-1.347）	-0.632 （-1.502）	-2.080 *** （-3.530）	-0.254 （-0.616）
观测值	84	2659	1484	1235	1516	1227	1388	1355
R-squared	0.881	0.352	0.348	0.349	0.428	0.367	0.420	0.317
年份固定效应	控制	控制	控制	控制	控制	控制	控制	控制
行业固定效应	控制	控制	控制	控制	控制	控制	控制	控制
地区固定效应	控制	控制	控制	控制	控制	控制	控制	控制
系数差异比较								
b0-b1	1.017 *** （0.000）		0.225 ** （0.018）		0.027 （0.427）		-0.080 （0.180）	

2. 高管任期

根据高阶理论，企业的高管特征会影响战略决策。例如，高管任期可以影响技术创新对企业的环境绩效（张兆国等，2020）。高管的任期可能会直接影响企业的创新决策，任期较长的高管则更看重于企业的长期发展，从而表现出敢于创新的管理态度；然而，任期较短的高管则更加偏重于企业的短期发展，不愿进行风险较高、成本较大的实质性创新。对此，本章根据企业高管的任期，深入分析高管任期的时长对于企业创新动机的影响。参考张兆国等（2020）的高管范围界定，选取上市公司（副）董事长、（副）总经理、（副）总裁、董事会秘书、总经理助力以及总监的任期时长，并计算每家上市公司高管任期的平均时长，进一步与该行业内高管的平均任职时长进行对比，如果该企业高管任期时长高于行业平均时长，则视为高管任期较长的企业，否则为高管任期较短的企业。表6-10第（3）列、第（4）列汇报了高管任期的异质性影响。结果显示，对于高管任期较长的企业，$time \times treated$ 的系数为0.308，并在1%的水平上显著；而且，对于高管任期较短的企业，$time \times treated$ 的系数为0.533，也通过了统计显著性检验。进一步，由系数的显著性差异发现，高管任期较短的重污染企业对其实质性创新的提升作用更大，说明新《环境保护法》的实施对高管任期较短企业的影响更大。这可能是因为任期较长的高管不需要外界施压就会考虑企业的长期发展，更加注重履行社会环境责任，以维护企业社会声誉和合法性地位。然而，任期较短的高管受外界的规制作用较大，如环境问责制提高了管理者的潜在压力。

3. 企业所有制

第四章中的异质性分析表明，环境信息披露可以显著提高国有企业的创新水平，但对于非国有企业的创新提升效应不显著。一般认为，国有企业具有更好的环保表现（杨忠智、乔印虎，2013），新《环境保护法》对其影响可能会弱于非国有企业。因此，本章进一步按照企业的产权性质进行划分。表6-10第（5）列、第（6）列汇报了企业所有制性质的异质性影响。结果显示，对于国有企业和非国有企业来说，$time \times treated$ 的系数分别为0.284和0.311，并均在1%的显著水平上显著。进一步，通过对比系数的显著性差异后发现，新《环境保护法》实施的作用效果与企业所有制性质无显著关系，对国有企业和非国有企业的实质性创新均有显著的促进作用。

4. 企业规模

熊彼特（Schumpeter，1942）认为大型企业由于具有更广泛的消费群体和市场掌控能力，在新产品上会有更好的创新表现。而且，企业规模的差异可以导致"合规成本异质性"，一个企业的规模越大，则其平均合规成本越小，当企业面临环境规制时，越有可能获得更高的利润率（龙小宁、万威，2017）。据此，该部分考虑了企业规模大小对企业创新动机的异质性影响。具体地讲，根据企业规模的年度行业中位数作为划分依据，如果企业 i 的规模大于中位数，则为大规模企业；反之，则为小规模企业。表 6-10 第（7）列、第（8）列汇报了企业规模的异质性影响。结果显示，无论企业规模较大还是较小，$time×treated$ 均在 1% 的显著水平上显著为正。而且，根据系数的显著性差异比较，尽管两组样本在数值上存在差距，但不具有显著性差异。这可能是由于上市公司本身都具有较大的企业规模，新《环境保护法》实施后，仍然可以凭借规模优势，以相对较低的成本获得研发资金，同时吸引更多的高技术研发人员，便于企业进行决策调整并提高实质性创新水平。

（四）稳健性检验

第一，替换样本区间。为了避免样本区间选择对估计结果造成的影响，本章考虑了环境信息披露制度以及"四万亿"投资计划实施的时点，以消除 2008 年之前环境信息披露相关政策和 2008~2010 年宏观政策的影响，分别对 2008~2010 年和 2011~2017 年的观测值作为研究样本进行估计，表 6-11 第（1）列、第（2）列报告了上述估计结果。结果表明，$time×treated$ 的系数分别为 0.335 和 0.305，并均在 1% 的水平上显著。而且，对企业的策略性创新行为不存在显著影响。据此，可以说明本章的基准回归结果不随样本区间的改变而改变，结果具有稳健性。

第二，进行安慰剂检验。在基准回归中，新《环境保护法》实施后，披露环境信息的重污染企业显著提高了实质性创新水平，并对策略性创新行为没有显著影响。为此，本部分进一步进行"安慰剂"检验，以排除基准回归结论受其他政策影响的可能。具体地讲，虚拟假定新《环境保护法》于 2014 年开始实施，如果实质性创新显著且策略性创新不显著，则说明基准回归的结果是没有意义的，否则，说明结果可靠。表 6-11 第（3）列、第（4）列汇报了安慰剂检验结果，可以发现当被解释变量为发明专利时，$time×treated\_2014$ 的系数为 0.436 并在 1% 的水平上显著，这一结果与基准回归一致；当被解释变量为非发明专利时，$time×treated\_2014$ 的系数为 0.140，并在 10% 的水平上显著。这说明，新《环保护法》实施对披露环境信息的重污染企业来说，主要体现在减少策略性创新方面。其实，由前文可知，环境信息披露政策已经对重污染企业的实质性创新具有积极作用，这一点从侧面说明新《环境保护法》的贡献在于约束企业的策略性创新行为。

表 6-11　稳健性分析

	替换样本区间		安慰剂检验	
	（1） 发明专利	（2） 发明专利	（3） 发明专利	（4） 非发明专利
time×treated	0.335 *** （4.380）	0.305 *** （3.759）	—	—
time×treated_2014	—	—	0.436 *** （6.910）	0.140 * （1.667）
lev	0.224 （1.434）	0.209 （1.085）	0.077 （0.586）	0.001 （0.007）
atr	−0.114 ** （−2.113）	−0.148 ** （−2.268）	−0.098 ** （−2.126）	0.045 （0.740）
roa	0.240 （0.398）	−0.128 （−0.177）	0.266 （0.511）	−0.540 （−0.782）
ln*size*	0.311 *** （11.211）	0.385 *** （11.034）	0.257 *** （11.249）	0.439 *** （14.458）
dfl	−0.111 *** （−5.285）	−0.121 *** （−4.755）	−0.081 *** （−4.396）	−0.051 ** （−2.112）
board	0.023 （1.129）	0.002 （0.084）	0.026 （1.472）	−0.011 （−0.466）
indboard	0.111 * （1.892）	0.187 *** （2.633）	0.074 （1.525）	0.039 （0.607）
ln*age*	−0.192 ** （−2.374）	−0.220 ** （−2.348）	−0.168 ** （−2.542）	−0.188 ** （−2.140）
ten	−0.314 * （−1.875）	−0.376 * （−1.912）	−0.187 （−1.309）	0.371 * （1.949）
Constant	−1.158 *** （−3.353）	−1.483 *** （−3.530）	−0.957 *** （−3.404）	−1.772 *** （−4.747）
观测值	2148	1644	2743	2743
R-squared	0.333	0.323	0.360	0.346

续表

	替换样本区间		安慰剂检验	
	（1） 发明专利	（2） 发明专利	（3） 发明专利	（4） 非发明专利
年份固定效应	控制	控制	控制	控制
行业固定效应	控制	控制	控制	控制
地区固定效应	控制	控制	控制	控制

四、本章小结

新《环境保护法》的实施将环境信息披露上升至法律层面。进一步，本章基于前文的研究结论，进一步探讨了新《环境保护法》对重污染企业环境信息披露创新效应的影响，从企业、政府和公众层面提出并验证了相应的作用机制。具体地说，本章选取 2003～2017 年沪、深 A 股重污染上市公司的微观数据，并采用双重差分倾向得分匹配法（PSM‑DID）进行分析，结合新《环境保护法》的有关内容，综合考虑了对重污染企业的内、外部影响因素，将投资效率、研发支出、政府补贴和媒体关注度等作为中介变量，验证了其对环境信息披露创新效应的影响，尤其是对发明专利和非发明专利的作用效果。得到如下结论：

第一，新《环境保护法》可以显著提高披露环境信息的重污染企业的实质性创新，并在一定程度上约束了企业的策略性创新行为，具有创新动机改善作用。

第二，新《环境保护法》主要通过研发支出、政府补贴和媒体关注度影响重污染企业环境信息披露的创新动机。其一，重污染企业为迎合新《环境保护法》的要求，在一定程度上损失了企业的投资效率，但为了实现节能环保的绿色生产目标，也伴随着研发支出的增加，从而提高了企业的实质性创新水平；其二，新《环境保护法》优化了政府补贴的对象，即政府补贴倾向于投资不足的重污染企业，从而促进了企业的实质性创新；其三，新《环境保护法》引入的公众参与机制，可以降低企业被媒体负面报道的数量，通过提高媒体关注度促进企业的实质性创新。

第三，行业竞争属性和高管任期在新《环境保护法》对重污染企业环境信息披露创新动机改善效应方面的影响有所不同。从行业竞争属性来看，新《环境保护法》对垄断性行业的实质性创新存在显著的消极影响，而对竞争性行业则存在促进作用；从高管任期来看，反而能够促进高管任期较短的企业进行实质性创新。此外，在企业所有制和企业规模方面，未发现存在显著性差异，均显著促进了企业的实质性创新。需要强调的是，与环境信息披露制度不同，新《环境保护法》对非国有企业具有更强的约束作用，即能够显著促进非国有企业的实质性创新。

第七章　结论、政策建议与研究展望

一、主要结论

本书在环境规制视角下，较为全面地研究了环境信息披露对企业创新的影响。在"波特假说"的理论基础上，分别梳理了环境信息披露的动机和经济后果以及社会责任、信息披露与企业创新的相关文献，接着分析了上市公司环境信息披露和创新行为的特征事实，最后探讨了环境信息披露的创新效应及其作用机制，并采用双重差分倾向得分匹配法（PSM-DID）、多期 DID、固定效应模型、中介效应模型等，从实证方面检验了环境信息披露对企业创新的影响和作用机制，得到了以下研究结论：

第一，自 20 世纪 90 年代以来，学术界出现了与新古典经济学派不一致的理论观点，开始重视环境规制在企业创新方面的促进作用，并通过案例分析、实证分析等方法试图验证这一观点的合理性，这对于我国实现创新驱动型的经济高质量发展具有重要理论意义。环境规制的核心思想是政府对企业环境行为的制约与激励，而且随着公众环保意识的增强，企业面临的道德约束和舆论压力也逐渐提升，环境利益相关者对优质生活环境的诉求也被纳入环境规制领域。环境信息披露制度作为一种全新的环境规制手段，具有强制性和自愿性相结合的特点，识别企业不同的披露动机可以深入认识其经济后果。通常来说，企业披露环境信息的目的是为了向利益相关者传递履行社会环保责任的信号以获得合法性地位。然而，环境绩效较好和环境绩效较差的企业在披露动机上显然是不同的，前者在披露内容上多以货币性的定量信息为主，所释放的"绿色"信号有效缓解了信息不对称、逆向选择与道德风险等问题；然而，后者在披露内容上多以非货币性的定性信息为主，并存在隐瞒负面信息的"漂绿"行为。理论上，环境信息披露对企业价值具有正向影响，但考虑到选择性的披露行为，又可能增加股价崩盘的风险。究其原因是披露动机的不同导致了环境信息披露经济后果的复杂性。

第二，环境信息披露对企业创新的提升效应，既有微观层面生产要素投入的机制，也受到环境信息披露对公司治理和信号传递的影响。微观层面生产要素的投入主要考虑的是创新活动所需的要素，而公司治理和信号传递则更多的是基于企业披露的动机，即披露行为是否改善了公司治理并传递出真实信号。从生产要素的投入方面来看，环境信息披露降低了企业的融资成本，为企业研发资金提供了降低的成本。同时，良好的环境信息更容易获得社会和员工的认同感，为企业的创新活动提供了必要的人力资本。从公司治理和信号传递方面来看，治理机制通过缓解代理问题和约束管理层短视行为可以促进企业的实质性创新，信息机制通过开辟负面信息渠道和加强外部监督亦可促进企业的实质性创新。其中的内在逻辑是，由于披露动机的不同，选择性披露环境信息的企业即使成功"漂绿"并获得了创新所需的要素，也不会增加企业在实质性创新方面的投入，只会促进企业的策略性创新行为。

第三，法律约束可以改善重污染企业的策略性创新行为。这一影响机制包括三个层面：一是企业层面，新《环境保护法》施加了外部环境压力，导致重污染企业偏离以经济利益为目标的生产和投资机会，降低投资效率，提高企业的研发支出，从而增强企业的技术创新动机；二是政府层面，新《环境保护法》明晰了政府环境管理的主体责任，改善了政企关系，减少寻租行为，通过改变政府补助的偏好优化了创新资源的配置，特别是对投资不足的企业进行补助，为企业提供直接的资金支持，并降低了企业的研发风险；三是公众层面，新《环境保护法》引入公众监督机制，提高了公众参与度和知情权，特别是发挥了媒体的监督与信息传播作用，可以提高地方政府对环境问题的关注度和监督力度，并提高企业的危机意识、环境成本和声誉风险，企业基于合规动机、竞争优势动机和预防性动机，采取技术创新的方式应对环境问题。

第四，根据上市公司社会责任报告，发现上市公司环境信息披露量质齐升。首先，环境信息已明显成为社会责任报告的重要组成部分，90%以上的沪、深A股上市公司均在社会责任报告中披露了环境信息。其次，环境信息披露数量方面：整体上，环境信息披露数量逐渐提高，但在披露内容、披露意愿、不同行业及地区等方面有所不同。披露内容的不全面。披露"环境监管与认证""环境管理""环境业绩与治理""环境负债"内容的企业数量依次下降。披露意愿的不对称。我国目前采用的是"强制性披露与自愿性披露"相结合的披露方式，即强制重点排污企业进行环境信息披露并鼓励其他企业自愿披露环境信息，自愿披露环境信息的企业远多于承担强制性披露义务的企业。不同行业的差异。制造业与其他行业的披露数量均呈现出逐年上升的趋势，且制造业的披露数量略大于其他行业的披露总数，形成了以制造业为主的披露结构。不同地区的差异。不同地区环境信息披露的数量呈现出显著差异，经济发展水平、环境规制水平较高的东部地区披露数量最大，且明显高于中部地区、西部地区和东北地区。最后，环境信息披露质量方面：整体呈现出逐渐提高的趋势，但从披露形式看，披露定性信息的企业比重较大，而定量信息的披露数量较少，环境信息披露质量仍有较大的提升空间。

第五，整体上，专利结构不断优化，发明专利占比较高，且外观设计专利呈现出逐年下降的趋势。首先，专利结构的边际效应。发明专利对创新基尼系数的边际效应具有正向作用，发明专利是导致现有创新差距较大的主要原因，尤其是在 2007 年和 2016 年前后波动较大，与环境信息披露相关政策的发布节点较为一致。其次，企业资产规模、所属地区、所有权性质和所属行业在创新行为方面存在差异。企业资产规模的差异。上市公司间具有明显的创新差距，资产规模越大的企业其专利数量越多，而且资产规模较大的上市公司之间创新差距更大。企业所属地区的差异。整体上，专利结构不断优化，四大地区的外观设计专利占比均呈现下降趋势，专利结构呈现出明显的地区特征，东部地区发明专利占全部地区的 80% 左右，发明专利和实用新型专利是我国专利布局不平衡性的主要来源。企业所有权性质的差异。国有企业和民营企业越来越重视创新活动的投入，与国有企业相比，民营企业的创新活力更旺盛。企业所属行业的差异。非重污染企业之间的创新差距越来越明显，2015 年新《环境保护法》实施后，重污染企业间的专利差距逐渐缩小，但非重污染企业间的专利差距仍进一步扩大。

第六，环境信息披露行为具有样本自选择性，披露环境信息的企业具有规模大，股权集中度、总资产周转率和总资产净利润率较高，财务杠杆较低，经营年限较短等特征。通过双重差分倾向得分匹配法（PSM-DID）检验了环境信息披露对企业创新水平的影响，结果表明环境信息披露具有创新提升效应，而且具有动态持续性，即专利增长率随着披露年限的增加而增加。机制分析发现，环境信息披露的创新提升效应是通过降低企业融资成本、提高员工稳定性实现的。从披露意愿来看，无论是强制性披露还是自愿性披露均能显著提高专利的授权数量；从披露质量来看，披露质量较高的企业其披露行为对专利授权量有显著的促进作用，而披露质量较低的企业其披露行为对创新水平没有显著影响；从企业所有制来看，国有企业的环境信息披露行为可以提高企业的创新水平，非国有企业不存在显著影响。

第七，环境信息披露的创新提升效应，不仅表现在促进策略性创新方面，而且也可以提高企业实质性创新的水平，有别于宏观产业政策、融资融券等其他制度因素而引发"专利泡沫"的创新假象，即环境信息披露改善了企业的创新动机。现阶段，环境信息披露对企业实质性创新的影响主要通过信息机制发挥作用，治理机制的传导效果欠佳。从企业污染程度来看，环境信息披露均显著提高了重污染企业和非重污染企业的发明专利授权量，但是对重污染企业在改善创新动机方面的积极作用更大，即环境信息披露对重污染企业实质性创新的促进作用更大，策略性创新的促进作用更小；从企业高管薪酬来看，环境信息披露对高管薪酬较低企业的创新动机具有明显的改善作用；从企业所属地区来看，环境信息披露对西部地区企业的创新动机改善最为明显，对东北地区企业的创新动机不具有改善作用，反而加剧了企业的策略性创新行为。

第八，新《环境保护法》对重点监控企业的环境信息披露行为施加了严格的外部约束，进一步改善了企业的创新动机，体现为发明专利授权量的提高，且对非发明专利授权量没有显著影响。机制分析发现，新《环境保护法》降低了披露环境信息的重污染企业的投资效率，但是投资效率并没有进一步影响企业的创新行为。新《环境保护法》对披露环境信息重污染企业创新动机的改善主要通过增加企业研发支出、政府补助以及提高媒体关注等作用机制而实现的。而且，由新《环境保护法》实施带来的创新动机改善，不随企业所有制性质和企业规模的不同而改变。但是，从行业竞争属性来看，对于垄断性行业的实质性创新具有显著的消极影响，而竞争性行业则表现出正向的促进作用；从高管任期看，新《环境保护法》对任期较短高管的规制作用更大，能够显著提高企业的实质性创新水平。

二、政策建议

由上述研究结论可知，环境信息披露具有创新提升效应和创新动机改善效应，并可以在一定条件下约束企业的策略性创新行为。但现阶段，环境信息披露在内容、形式、范围等方面仍有不足，存在披露质量较低、选择性披露等问题。因此，如何进一步有效发挥环境信息披露的作用，实现环境保护与经济发展的双赢，是支持生态文明建设过程中的一项巨大挑战。本书给出了如下政策建议：

（一）政府层面

1. 加大环境信息披露力度与范围，建立科学的评价体系与监督体系

绿色发展在新发展理念中占据着重要地位，可有效控制企业发展所带来的环境负外部性，这需要政府对企业的日常经营活动加以引导、规制，以进行科学、有效的监管：

首先，从环境信息入手，缩小政府与企业、企业与公众在环境信息方面的不对称性，继续鼓励企业主动披露环境信息，并适当地扩大强制性披露企业的范围。具体地，通过引导全社会企业进行环境信息披露，培养企业的社会环境责任意识，并逐渐向利用清洁能源、清洁技术的清洁生产过渡。此外，对污染性较大的行业实行强制性披露制度，严格控制重点排污企业的能耗和排放量。目前，重点监控企业的数量占比很小，而重污染企业对环境具有极强的污染性，强制重污染行业的企业进行环境信息披露应是当务之急，通过市场竞争机制淘汰低效、落后、污染产能，有效利用信息的传递功能加快企业进行绿色改革。同时，注重行业属性的绿色化差异，针对企业绿色转型的难度给予适当的政策倾斜，如税收减免、研发补贴等，避免"一刀切"的环境信息披露政策对资源配置的无效性。

其次，进一步规范环境信息的披露内容，建立环境信息披露评价体系，提高披露信息的质量。环境信息披露的质量直接关系到利益相关者是否可以获取到真实充分的环境信息，从而做出符合预期的投资决策。而且，策略性的披露环境信息（披露非货币性内容等定性信息甚至是隐瞒负面信息的选择性披露行为）可能提高资源错配的概率。因此，亟须对环境信息披露的内容、形式和评价标准等

加以规范，尽可能地规避企业选择性的披露行为。政府应要求企业定期（6个月、1年）发布环境独立报告，激励企业制定环境发展目标并公开相关的完成情况，严格规定环境独立报告的具体披露模块及内容，例如"环境负债"模块包括废水排放量、COD 排放量、SO_2 排放量等内容，并根据行业特点设置必选项与可选项，在披露内容上形成强制性披露与自愿性披露相结合的披露模式，进一步按照披露内容生成一套可量化的评价方法，以提高企业环境信息的披露质量。

再次，结合环境立法，加强政府精准监管，提升政府执法水平。在新《环境保护法》的基础上，建立、健全环境信息披露的相关法律、法规，将环境信息披露逐步全面地上升至法律层面。一方面，加大披露信息的审核力度，并结合行政手段增加企业违规成本，从而改善资源配置低效率的现象。另一方面，政府应切实履行法律赋予的监督职责，尤其是加强地方政府对区域内重点监控企业的监督，切勿因一时的经济效益而丧失法律权威。同时，加大地方政府瞒报、谎报环境事件的处罚力度，避免一切寻租行为。一旦企业发生环境违法事件，政府应严格按照法律规定进行公开，并责令企业承担相应的法律后果。

最后，建立、健全外部监督体系，提高公众环保参与度。企业披露环境信息以获得或维持合法性地位的动机，意味着外界对企业的看法可以改变企业的环境表现。因此，可以通过媒体、互联网、第三方报告等媒介提高公众的话语权。例如，激发媒体社会责任感，利用信息的传播监督纠正企业的环境问题；建立并维护关于环境问题的 24 小时举报平台，借助公众的力量弥补监管的不足；由具有评估资质的第三方进行环境评估并公开；与企业环境信用相结合，将环境信息纳入银行、证券等金融机构的审查内容。通过外界主动获取信息的方式，降低公众与企业间的信息不对称，消除企业隐瞒负面信息的侥幸心理，从而督促企业切实履行环境保护的社会责任。

2. 科学甄别披露主体特征，助推环境信息披露创新效应的提升

其一，注重区分国有企业和民营企业在社会发展中扮演的不同角色。习近平总书记强调"国有企业是壮大国家综合实力、保障人民共同利益的重要力量"。国有企业具有较强的社会责任感，但创新活力较弱，要充分发挥国有企业环境信息披露的创新效应，需要进一步深化国有企业混合所有制改革和薪酬分配市场化改革，通过市场化进程推动企业创新，通过薪酬分配激励高技术人才创新，凭借高水平的科技平台、高层次的创新人才增强创新后劲。民营企业则面临着较为激烈的市场竞争，创新活力较强，但社会责任感较弱。环境信息披露制度约束了企

业环境表现，短期内势必提高企业的环境成本。所以要针对民营企业建立科学、有效的创新支持机制，如对能够实现清洁能源替代、能源消耗下降等特定环境目标的科学技术进行科学评估，制订合理的评估体系，并对评估结果较好的技术应用进行补贴和推广。这将有助于缓解民营企业资金紧张，加快环境规制创新补偿效应的实现，也能提高科技成果转化率、加快科技成果转化速度。

其二，注重区分我国东部地区、中部地区、西部地区和东北地区在经济社会发展程度上的差异。一直以来，我国东部地区无论是市场化水平还是环境规制力度方面均走在国家前列，吸引了大量的资金和人才。与此同时，中部地区、西部地区和东北地区的发展活力相对较弱，尤其是东北地区营商环境较差，大大降低了环境信息披露创新效应的效果。本质上，创新活动是企业个体的行为，这依赖于物质资本和人力资本的投入。在环境规制使企业成本提高的情况下，也势必会提高物质资本和人力资本成本。各地政府部门应根据不同地区的发展特征，因地制宜地实施环境信息披露政策，并有效引导企业的创新行为，加快实现"创新补偿"效应。因此，地方政府应积极探索"政府—企业""企业—企业"在地区内、跨地区的联合创新发展模式，鼓励企业积极进行联合创新，这样可以避免企业因短期内环境成本上升而造成的资金不足，从而汇聚并优化各方资源以实现成果共享。此外，东北地区等个别经济停滞、衰退的地区，应优先打造市场化、法治化和国际化的营商环境，使其内部结构优化，再逐步实现环境信息披露对创新水平的实质性提升。

其三，注重区分不同行业在污染程度方面的差异。重污染企业显然会给生态环境带来更大的负面影响，那么其受环境信息披露制度的约束也就越强，需要承担的环境成本也就越高。政府应鼓励企业将治污措施由"末端治理"向"源头防范"转变，通过积极的"源头防范"降低企业短期的环境成本，并逐渐引导企业进行具有长远性、可持续性的投资决策，鼓励重污染企业进行自主创新或联合创新，特别是发挥上市公司在资金、人才和市场方面的优势，结合重污染企业对自身环保改进方向的把握，对需求旺盛、技术攻克较为复杂的创新项目予以税收优惠、财政补贴等政策扶持方面的倾斜。

3. 优化专利资助奖励机制和考核评价体系，有效推动科技成果转化

技术创新要更好地提升企业的竞争力，服务于经济的高质量发展，政府应关注创新产出的技术含量，建立、健全科学合理的专利评价体系及资助奖励机制。科学的专利评价体系，能够优化企业、社会的资源配置，有效规避企业的策略性

创新行为。自 2011 年起，我国专利申请连续位列世界第一，但仍然面临着"大而不优、多而不强"的问题。而且，从实证结果来看，目前环境信息披露的创新效应虽然具有改善企业创新动机的作用，但仍然显著地促进了企业的策略性创新行为。因此，仅依靠环境信息披露等环境规制途径是无法彻底解决企业存在"重数量、轻质量"的策略性专利行为这一突出问题的。

鉴于此，本书首先肯定了环境信息披露对专利质量的提升作用，从而政府应进一步从制度端优化企业创新行为，通过环境规制施加企业的外部约束，并增强环境立法和外部监督的力度，倒逼企业进行实质性创新，改善企业创新决策的动机。其次，政府应改变数量导向型的专利评价体系，一方面，鼓励企业研发具有应用前景的高质量专利，并加快发明专利的审批速度，配合针对不同专利的申请、授权难度给予具有差异化的政策支持，激励企业开展实质性的高质量创新，并对授权后的专利维护进行追踪，避免因晋升、考核、评价而片面追求数量的创新模式。另一方面，专利奖励政策和评价体系不能只停留在专利申请、授权层面，要将专利成果转化纳入其中，更加关注专利成果的转化率，并通过为专利转化率高的发明人和单位设立专项资金、支持高层次科技人才的创新项目、搭建专利成果转化交流平台等措施，有效推动科技成果转化。最后，企业的专利行为关系到资本市场中的投资者，政府应引导投资者等其他利益相关者理性决策，避免有限理性对于专利结构的恶化，培育投资者价值投资和长期投资理念，有效发挥投资者在资本市场的基础性作用，倒逼上市公司加大实质性创新的同时实现上市公司的优胜劣汰。

（二）企业层面

1. 强化污染防治"三部曲"，提升企业环境管理水平

企业在环境保护方面过度依赖于政府的规制，没有充分利用企业内部的管理，导致政府在监管方面的责任和压力愈加沉重，且效率、效果愈加低下，严重影响了公共资源的配置效率。前文上市公司环境信息披露的特征事实发现，自愿性披露环境信息的企业远多于强制性披露的企业，但是自愿性披露环境信息的企业在所有企业中的占比仍然较小，且整体上的披露质量不高。究其原因，可能是企业本身的环境表现欠佳，披露环境信息尤其是定量信息反而有损企业形象。因此，实现环境信息数量与质量的提高仍需从企业的环境管理水平入手，将环保意识融入到企业生产经营活动的全过程，逐渐提高企业的环境表现。

首先，做好"事前"预防。借鉴国际经验，根据美国的《污染预防法》，企业环境治理问题的关键在于事前的预防，应从源头上减少污染物的排放，提高资源的使用效率。那么，企业应制定可持续发展的环境战略，坚持以绿色发展、清洁生产为主线，降低生产过程中的负外部性产出。在机构设置上，企业可以学习海尔智家、复宏汉霖等上市公司的做法，积极主动地设置董事会环境、社会及管治委员会，为董事会提供环境管理等方面的建议，有效地评估企业环境所面临的风险，以为各方利益相关者创造长期价值。

其次，做好"事中"控制。企业要加大物质、人力等资本的投入，按照环境防治设计在生产过程中对重要的污染因素进行全方位控制，如废气、污水、固体废弃物等；需要特别关注潜在的环境风险，做好可能发生环境事故的应急准备，将其对环境危害和企业声誉的影响降到最低；还可以考虑更换生产过程中污染排放量较大的生产资料和老旧设备，并通过技术引进、开展自主或联合创新等方式实现节能、减排等环境目标。

最后，做好"事后"评价。主要针对改进环境表现的相关工作进行评价，包括环境战略的实施方向、环境管理人员的专业程度、具体操作过程中的效果及问题等，以更好地确定下一阶段的环境目标，并对表现好的个人给予奖励。同时，兼顾依据现行法律法规进行合规性评价，例如新《环境保护法》中所提及的"三同时"制度等。最终，确保企业依法依规开展环保工作，提高企业的环境表现，以在环境信息披露时传递出良好的企业形象。

2. 激发开展实质性创新的活力，有效防范企业环境风险

虽然本书关于新《环境保护法》对环境信息披露创新效应的影响结论是基于重污染企业样本得到的，但在一定程度上也能够为其他企业提供经验借鉴。实证结果发现，当存在严格的外部法律约束时，环境信息披露可以有效缓解企业的策略性创新行为。其实，创新本质上是人的决策行为，企业自身应通过制度机制创新激发开展实质性创新的活力。

企业应树立良好的社会责任意识，只有满足社会认知的企业形象才有助于企业的长期发展。企业社会责任的履行，使企业能够获得资金和人才优势，如获得较低的融资成本、吸引科技人才和稳定的员工结构等，这些都是创新活动的必备要素。进一步，企业应不断提高员工的环境责任感，尤其是鼓励高科技人才进行实质性的绿色创新，重视人才在企业绿色发展中的作用。同时，转变企业内部的专利激励机制，更加注重对发明专利、实用新型专利中质量较高的专利进行奖

励，并进一步推动专利成果的转化，使研发人员的奖金与成果转化的收益挂钩，提高企业的专利成果转化率。此外，在专利成果的研究方向上，企业可根据环保要求并参考环境保护管理人员的建议，定期发布研究项目，提高专利成果与企业发展所需的契合度；开展"企业—企业""企业—高校"等创新合作模式，搭建资源共享平台，充分整合各方面的优势资源，提高资源的使用效率，实现人才的交流与合作。因此，面对逐渐提高的环境压力和环境风险，企业应从自身出发提高环境意识，并建立科学的创新体系，关注人才的成长，充分利用资源寻求合作，切实提高企业应对潜在环境风险的能力，助力企业的稳定经营与可持续发展。

三、本书不足与研究展望

本书尝试分析了环境信息披露的创新效应，并尽可能地利用权威数据库进行分析，但受限于研究能力、数据资料可得性以及研究问题的复杂性，仍然存在诸多不足。本书的研究仅是引玉之砖，作为初步的思考与尝试，在研究过程中涌现出了一些新的问题，这可成为未来进一步研究和探索的方向。

（一）本书研究不足

第一，环境信息披露动机的分析仍显不足。环境信息披露为社会公众获取环境信息提供了渠道，企业作为环境信息披露的主体，会从现行制度、监管压力、社会认知以及对企业的经济后果等方面综合决策是否披露、如何披露的问题。正是由于环境问题的复杂性，会涉及多方利益主体，本书主要还是从企业视角进行研究，从理论层面阐述了企业进行环境信息披露的动机，缺乏较为系统的理论支持和模型推演，并没有系统地讨论具体的影响因素，也就缺少从实证方面分析企业环境信息披露影响因素的部分。

第二，样本数据的局限性。根据 2015 年实施的《企业事业单位环境信息公开办法》，对于企业事业单位均采取强制披露与自愿披露相结合的方式，并要求其及时、如实地公开环境信息。然而，本书的样本数据仅局限于上市公司，主要是受限于其他企业的披露数据难以获得，数据存在年份较短、内容缺失等问题。即使部分省份通过建立环境信息公开平台公开了地方企业的环境信息，但企业之间以及各个省份之间的披露结构、内容等方面仍存在明显差别，数据整理也面临极大挑战。

第三，环境信息披露指标的不足。主要体现在环境信息披露质量的测度方面。目前，我国仍未对环境信息披露形成统一的评价体系，导致大多数学者采用内容分析法测度环境信息的披露质量。但是，内容分析法具有较强的主观性，内容的选取以及分值的赋予规则都可能使结果产生一定的偏差。还有一种方法是，认为环境表现好的企业其披露的环境信息质量更高，从而根据企业的 ESG 评价等级进行分组，但会在一定程度上降低指标的精确性，对影响程度产生一定偏差。

（二）研究展望

根据上述研究不足，并结合相关议题的现实意义与发展方向，本书认为进一步的研究可以从以下三个方面进行完善：

第一，政府在环境治理中不仅对地方企业具有监管职责，而且自身也受到上层政府及公众的监督，承担着环境信息公开的义务。尤其是中央政府、社会公众对环境问题逐渐重视，亟须地方政府提高环境信息透明度，从而达到环境治理的目的。由于政府环境信息公开的透明度在一定程度上体现的是地方政府环境规制的强度，直接关系到企业未来的环境表现。鉴于此，可以进一步以政府为披露主体，研究政府环境信息公开的创新效应。

第二，考虑到本书在研究新《环境保护法》对环境信息披露创新效应的样本年限较短，主要是因为新《环境保护法》于 2015 年正式实施，而本书的专利结构数据截止到 2017 年。随着新《环境保护法》实施年限的推移以及专利数据的丰富，可以进一步检验新《环境保护法》对环境信息披露创新效应的长期影响，以进一步挖掘其作用机制，在法律约束层面进行有益补充。

第三，强制性披露环境信息和自愿性披露环境信息的企业在环境披露战略方面有所不同。前者虽然受法律、法规等政策性文件的强制性约束，但当外界约束不严格或不规范时，承担强制性披露义务的企业也可以采取选择性的披露战略。因此，企业是否受到真实的强制性约束不仅在于约束的形式上，更在于披露要求的规范性和披露内容的完整性等要求上。此外，自愿披露环境信息的企业也会存在选择性披露的问题。鉴于此，可以根据企业环境信息的披露战略加以区分，进一步丰富研究结论。

参考文献

[1] 毕茜，彭珏，左永彦．环境信息披露制度、公司治理和环境信息披露 [J]．会计研究，2012（7）：39-47+96.

[2] 曹越，辛红霞，张卓然．新《环境保护法》实施对重污染行业投资效率的影响 [J]．中国软科学，2020（8）：164-173.

[3] 常凯．环境信息披露对财务绩效的影响——基于中国重污染行业截面数据的实证分析 [J]．财经论丛，2015（1）：71-77.

[4] 陈开军，杨倜龙，李鋆．上市公司信息披露对公司股价影响的实证研究——以环境信息披露为例 [J]．金融监管研究，2020（5）：48-65.

[5] 陈钦源，马黎珺，伊志宏．分析师跟踪与企业创新绩效——中国的逻辑 [J]．南开管理评论，2017，20（3）：15-27.

[6] 陈守明，郝建超．证券市场对企业环境污染行为的惩戒效应研究 [J]．科研管理，2017，38（S1）：494-501.

[7] 陈伟宏，钟熙，蓝海林，等．分析师期望落差、CEO 权力与企业研发支出——基于内外治理机制的二次调节作用 [J]．研究与发展管理，2020，32（2）：1-10.

[8] 陈璇，钱维．新《环保法》对企业环境信息披露质量的影响分析 [J]．中国人口·资源与环境，2018，28（12）：76-86.

[9] 程博．分析师关注与企业环境治理——来自中国上市公司的证据 [J]．广东财经大学学报，2019，34（2）：74-89.

[10] 代文，董一楠．环境信息披露质量、审计监督与债务融资成本——来自沪、深两市重污染行业上市公司的经验数据 [J]．财会通讯，2017（4）：13-16.

［11］杜龙政，赵云辉，陶克涛，等．环境规制、治理转型对绿色竞争力提升的复合效应——基于中国工业的经验证据［J］．经济研究，2019，54（10）：106-120.

［12］杜闪，王站杰．企业社会责任披露、投资效率和企业创新［J］．贵州财经大学学报，2021（1）：52-62.

［13］方颖，郭俊杰．中国环境信息披露政策是否有效：基于资本市场反应的研究［J］．经济研究，2018，53（10）：158-174.

［14］冯丽艳，肖翔，程小可．披露制度、社会绩效与社会责任信息披露［J］．现代财经（天津财经大学学报），2016，36（2）：39-52.

［15］高红贵．现代企业社会责任履行的环境信息披露研究——基于"生态社会经济人"假设视角［J］．会计研究，2010（12）：29-33.

［16］高宏霞，朱海燕，孟樊俊．环境信息披露质量影响债务融资成本吗？——来自我国环境敏感型行业上市公司的经验证据［J］．南京审计大学学报，2018，15（6）：20-28.

［17］顾琴轩，王莉红．人力资本与社会资本对创新行为的影响——基于科研人员个体的实证研究［J］．科学学研究，2009，27（10）：1564-1570.

［18］郭玥．政府创新补助的信号传递机制与企业创新［J］．中国工业经济，2018（9）：98-116.

［19］韩乾，袁宇菲，吴博强．短期国际资本流动与我国上市企业融资成本［J］．经济研究，2017，52（6）：77-89.

［20］郝项超，梁琪，李政．融资融券与企业创新：基于数量与质量视角的分析［J］．经济研究，2018，53（6）：127-141.

［21］何瑛，于文蕾，戴逸驰，等．高管职业经历与企业创新［J］．管理世界，2019，35（11）：174-192.

［22］胡俊南，王宏辉．重污染企业环境责任履行与缺失的经济效应对比分析［J］．南京审计大学学报，2019，16（6）：91-100.

［23］胡令，王靖宇．产品市场竞争与企业创新效率——基于准自然实验的研究［J］．现代经济探讨，2020（9）：98-106.

［24］黄超，王敏，常维．国际"四大"审计提高公司社会责任信息披露质量了吗？［J］．会计与经济研究，2017，31（5）：89-105.

［25］黄德春，刘志彪．环境规制与企业自主创新——基于波特假设的企业

竞争优势构建［J］.中国工业经济，2006（3）：100-106.

［26］黄珺，周春娜.股权结构、管理层行为对环境信息披露影响的实证研究——来自沪市重污染行业的经验证据［J］.中国软科学，2012（1）：133-143.

［27］黄平，胡日东.环境规制与企业技术创新相互促进的机理与实证研究［J］.财经理论与实践，2010，31（1）：99-103.

［28］贾俊雪，李紫霄，秦聪.社会保障与经济增长：基于拟自然实验的分析［J］.中国工业经济，2018（11）：42-60.

［29］姜英兵，崔广慧.企业环境责任承担能够提升企业价值吗？——基于工业企业的经验证据［J］.证券市场导报，2019（8）：24-34.

［30］蒋伏心，王竹君，白俊红.环境规制对技术创新影响的双重效应——基于江苏制造业动态面板数据的实证研究［J］.中国工业经济，2013（7）：44-55.

［31］蒋为.环境规制是否影响了中国制造业企业研发创新？——基于微观数据的实证研究［J］.财经研究，2015，41（2）：76-87.

［32］鞠晓生.中国上市企业创新投资的融资来源与平滑机制［J］.世界经济，2013，36（4）：138-159.

［33］Kamidi A，郭俊华.企业社会责任与创新：高管团队任期及其异质性的调节作用［J］.中国科技论坛，2021（3）：133-142+180.

［34］孔慧阁，唐伟.利益相关者视角下环境信息披露质量的影响因素［J］.管理评论，2016，28（9）：182-193.

［35］寇宗来，刘学悦.中国企业的专利行为：特征事实以及来自创新政策的影响［J］.经济研究，2020，55（3）：83-99.

［36］乐菲菲，张金涛.环境规制、政治关联丧失与企业创新效率［J］.新疆大学学报（哲学·人文社会科学版），2018，46（5）：16-24.

［37］雷辉，刘鹏.中小企业高管团队特征对技术创新的影响——基于所有权性质视角［J］.中南财经政法大学学报，2013（4）：149-156.

［38］黎文靖，郑曼妮.实质性创新还是策略性创新？——宏观产业政策对微观企业创新的影响［J］.经济研究，2016，51（4）：60-73.

［39］李百兴，王博.新环保法实施增大了企业的技术创新投入吗？——基于PSM-DID方法的研究［J］.审计与经济研究，2019，34（1）：87-96.

［40］李大元，黄敏，周志方.组织合法性对企业碳信息披露影响机制研

究——来自 CDP 中国 100 的证据 [J]．研究与发展管理，2016，28（5）：44-54．

[41] 李汇东，唐跃军，左晶晶．用自己的钱还是用别人的钱创新？——基于中国上市公司融资结构与公司创新的研究 [J]．金融研究，2013（2）：170-183．

[42] 李强，冯波．高管激励与环境信息披露质量关系研究——基于政府和市场调节作用的视角 [J]．山西财经大学学报，2015，37（2）：93-104．

[43] 李强，李恬．产品市场竞争、环境信息披露与企业价值 [J]．经济与管理，2017，31（4）：68-76．

[44] 李双建，李俊青，张云．社会信任、商业信用融资与企业创新 [J]．南开经济研究，2020（3）：81-102．

[45] 李卫红，白杨．环境规制能引发"创新补偿"效应吗？——基于"波特假说"的博弈分析 [J]．审计与经济研究，2018，33（6）：103-111．

[46] 李园园，李桂华，邵伟，等．政府补助、环境规制对技术创新投入的影响 [J]．科学学研究，2019，37（9）：1694-1701．

[47] 李真，席菲菲，陈天明．企业融资渠道与创新研发投资 [J]．外国经济与管理，2020，42（8）：123-138．

[48] 林润辉，谢宗晓，李娅，等．政治关联、政府补助与环境信息披露——资源依赖理论视角 [J]．公共管理学报，2015，12（2）：30-41+154-155．

[49] 刘萌，史晋川，罗德明．媒体关注与公司研发投入——基于中国上市公司的实证分析 [J]．经济理论与经济管理，2019（3）：18-32．

[50] 刘尚林，刘琳．环境信息披露影响企业价值的理论研究框架 [J]．财会月刊，2011（21）：6-8．

[51] 刘运国，刘雯．我国上市公司的高管任期与 R&D 支出 [J]．管理世界，2007（1）：128-136．

[52] 龙小宁，万威．环境规制、企业利润率与合规成本规模异质性 [J]．中国工业经济，2017（6）：155-174．

[53] 卢娟，李斌，李贺．环境信息披露会促进企业出口吗 [J]．国际贸易问题，2020（8）：100-114．

[54] 卢秋声，干胜道．基于利益相关者预期的企业环境会计信息披露研究 [J]．广西社会科学，2015（11）：76-83．

［55］马海超，周若馨．环境事件市场反应的实证研究——以燃煤发电上市企业为例［J］．山西财经大学学报，2017，39（9）：1-15.

［56］马连福，高塬．资本配置效率会影响企业创新投资吗？——独立董事投资意见的调节效应［J］．研究与发展管理，2020，32（4）：110-123.

［57］毛洪涛，张正勇．企业社会责任信息披露影响因素及经济后果研究述评［J］．科学决策，2009（8）：87-94.

［58］孟猛猛，陶秋燕，雷家骕．企业社会责任与企业成长：技术创新的中介效应［J］．研究与发展管理，2019，31（3）：27-37.

［59］孟庆斌，李昕宇，张鹏．员工持股计划能够促进企业创新吗？——基于企业员工视角的经验证据［J］．管理世界，2019，35（11）：209-228.

［60］孟晓华，张曾．利益相关者对企业环境信息披露的驱动机制研究——以 H 石油公司渤海漏油事件为例［J］．公共管理学报，2013，10（3）：90-102+141.

［61］孟晓俊，肖作平，曲佳莉．企业社会责任信息披露与资本成本的互动关系——基于信息不对称视角的一个分析框架［J］．会计研究，2010（9）：25-29+96.

［62］倪静洁，吴秋生．内部控制有效性与企业创新投入——来自上市公司内部控制缺陷披露的证据［J］．山西财经大学学报，2020，42（9）：70-84.

［63］倪娟，孔令文．环境信息披露、银行信贷决策与债务融资成本——来自我国沪深两市 A 股重污染行业上市公司的经验证据［J］．经济评论，2016（1）：147-156+160.

［64］彭文平，潘昕彤．环境规制下的银行关系资本："类保险"的作用机制——基于新《环保法》实施的自然实验［J］．财经科学，2020（9）：14-27.

［65］钱雪松，彭颖．社会责任监管制度与企业环境信息披露：来自《社会责任指引》的经验证据［J］．改革，2018（10）：139-149.

［66］乔美华．环境信息披露与经济高质量发展［J］．现代经济探讨，2020（7）：44-50.

［67］乔引花，张淑惠．企业环境会计信息披露行为研究——基于信号传递的分析［J］．当代经济科学，2009，31（3）：119-123+128.

［68］邱牧远，殷红．生态文明建设背景下企业 ESG 表现与融资成本［J］．数量经济技术经济研究，2019，36（3）：108-123.

［69］任力，洪喆．环境信息披露对企业价值的影响研究［J］．经济管理，2017，39（3）：34-47.

［70］邵丹，李健，潘镇．市场估值会影响企业技术创新吗？——基于管理者短视视角的研究［J］．科学决策，2017（4）：76-94.

［71］沈红波，谢越，陈峥嵘．企业的环境保护、社会责任及其市场效应——基于紫金矿业环境污染事件的案例研究［J］．中国工业经济，2012（1）：141-151.

［72］沈宏亮，金达．非正式环境规制能否推动工业企业研发——基于门槛模型的分析［J］．科技进步与对策，2020，37（2）：106-114.

［73］沈洪涛，黄珍，郭肪汝．告白还是辩白——企业环境表现与环境信息披露关系研究［J］．南开管理评论，2014，17（2）：56-63+73.

［74］沈洪涛，游家兴，刘江宏．再融资环保核查、环境信息披露与权益资本成本［J］．金融研究，2010（12）：159-172.

［75］史贝贝，冯晨，康蓉．环境信息披露与外商直接投资结构优化［J］．中国工业经济，2019（4）：98-116.

［76］宋晓华，蒋潇，韩晶晶，等．企业碳信息披露的价值效应研究——基于公共压力的调节作用［J］．会计研究，2019（12）：78-84.

［77］苏利平，张慧敏．政府监管、环境信息披露质量与股权融资成本［J］．会计之友，2020（23）：80-87.

［78］谭小芬，钱佳琪．资本市场压力与企业策略性专利行为：卖空机制的视角［J］．中国工业经济，2020（5）：156-173.

［79］唐勇军，赵梦雪，王秀丽，等．法律制度环境、注册会计师审计制度与碳信息披露［J］．工业技术经济，2018，37（4）：148-155.

［80］陶克涛，郭欣宇，孙娜．绿色治理视域下的企业环境信息披露与企业绩效关系研究——基于中国 67 家重污染上市公司的证据［J］．中国软科学，2020（2）：108-119.

［81］田利辉，张伟．政治关联和我国股票发行抑价："政企不分"如何影响证券市场？［J］．财经研究，2014，40（6）：16-26+120.

［82］佟孟华，许东彦，郑添文．企业环境信息披露与权益资本成本——基于信息透明度和社会责任的中介效应分析［J］．财经问题研究，2020（2）：63-71.

［83］王建玲，李玥婷，吴璇．企业社会责任报告与债务资本成本——来自中国 A 股市场的经验证据［J］．山西财经大学学报，2016，38（7）：113-124.

［84］王垒，曲晶，刘新民．异质机构投资者投资组合、环境信息披露与企业价值［J］．管理科学，2019，32（4）：31-47.

［85］王丽萍，李淑琴，李创．环境信息披露质量对企业价值的影响研究——基于市场化视角的分析［J］．长江流域资源与环境，2020，29（5）：1110-1118.

［86］王喜，武玲玲，邓晓兰．环境信息披露、媒体关注与债务融资成本——基于重污染行业上市公司的分析［J］．重庆大学学报（社会科学版），2022（2）：67-68.

［87］王霞，徐晓东，王宸．公共压力、社会声誉、内部治理与企业环境信息披露——来自中国制造业上市公司的证据［J］．南开管理评论，2013，16（2）：82-91.

［88］王晓祺，郝双光，张俊民．新《环保法》与企业绿色创新："倒逼"抑或"挤出"？［J］．中国人口·资源与环境，2020，30（7）：107-117.

［89］王晓祺，胡国强．绿色创新、企业声誉与盈余信息含量［J］．北京工商大学学报（社会科学版），2020，35（1）：50-63.

［90］王玉泽，罗能生，刘文彬．什么样的杠杆率有利于企业创新［J］．中国工业经济，2019（3）：138-155.

［91］危平，曾高峰．环境信息披露、分析师关注与股价同步性——基于强环境敏感型行业的分析［J］．上海财经大学学报，2018，20（2）：39-58.

［92］魏志华，吴育辉，曾爱民．寻租、财政补贴与公司成长性——来自新能源概念类上市公司的实证证据［J］．经济管理，2015，37（1）：1-11.

［93］温忠麟，叶宝娟．中介效应分析：方法和模型发展［J］．心理科学进展，2014，22（5）：731-745.

［94］吴迪，赵奇锋，韩嘉怡．企业社会责任与技术创新——来自中国的证据［J］．南开经济研究，2020（3）：140-160.

［95］吴红军．环境信息披露、环境绩效与权益资本成本［J］．厦门大学学报（哲学社会科学版），2014（3）：129-138.

［96］吴良海，张媛媛，章铁生．高管任期、R&D 支出与企业投资效率——来自中国 A 股资本市场的经验证据［J］．南京审计学院学报，2015，12（5）：

56−68+94.

[97] 谢乔昕，张宇．绿色信贷政策、扶持之手与企业创新转型［J］．科研管理，2021，42（1）：124−134.

[98] 熊航，静峥，展进涛．不同环境规制政策对中国规模以上工业企业技术创新的影响［J］．资源科学，2020，42（7）：1348−1360.

[99] 徐辉，周孝华，周兵．环境信息披露对研发投入产出效率的影响研究［J］．当代财经，2020（8）：139−149.

[100] 许罡．企业社会责任履行抑制商誉泡沫吗？［J］．审计与经济研究，2020，35（1）：90−99.

[101] 许年行，江轩宇，伊志宏，等．分析师利益冲突、乐观偏差与股价崩盘风险［J］．经济研究，2012，47（7）：127−140.

[102] 许宁宁．管理层认知偏差与内部控制信息披露行为选择——基于存在内部控制重大缺陷上市公司的两阶段分析［J］．审计与经济研究，2019，34（5）：43−53.

[103] 许士春．环境管制与企业竞争力——基于"波特假说"的质疑［J］．国际贸易问题，2007（5）：78−83.

[104] 许松涛，肖序．环境规制降低了重污染行业的投资效率吗？［J］．公共管理学报，2011，8（3）：102−114+127−128.

[105] 杨道广，陈汉文，刘启亮．媒体压力与企业创新［J］．经济研究，2017，52（8）：125−139.

[106] 杨广青，杜亚飞，刘韵哲．企业经营绩效、媒体关注与环境信息披露［J］．经济管理，2020，42（3）：55−72.

[107] 杨洁，张茗，刘运材．碳信息披露、环境监管压力与债务融资成本——来自中国A股高碳行业上市公司的经验数据［J］．南京工业大学学报（社会科学版），2020，19（6）：86−98+112.

[108] 杨金坤．企业社会责任信息披露与创新绩效——基于"强制披露时代"中国上市公司的实证研究［J］．科学学与科学技术管理，2021，42（1）：57−75.

[109] 杨烨，谢建国．创新扶持、环境规制与企业技术减排［J］．财经科学，2019（2）：91−105.

[110] 杨烨，谢建国．环境信息披露制度与中国企业出口国内附加值率

［J］．经济管理，2020，42（10）：39-58.

［111］杨煜，陆安颉，张宗庆．政府环境信息公开能否促进环境治理？——基于120个城市的实证研究［J］．北京理工大学学报（社会科学版），2020，22（1）：41-48.

［112］杨志强，李增泉．混合所有制、环境不确定性与投资效率——基于产权专业化视角［J］．上海财经大学学报，2018，20（2）：4-24.

［113］杨忠智，乔印虎．行业竞争属性、公司特征与社会责任关系研究——基于上市公司的实证分析［J］．科研管理，2013，34（3）：58-67.

［114］姚海博，王正斌，吕英．董事专业背景与企业环境信息披露质量研究［J］．预测，2018，37（6）：54-60.

［115］姚蕾，王延彦．绿色信贷政策能否改善环境信息披露与债务成本之间的关系——基于重污染行业的经验数据［J］．财会通讯，2016（15）：84-88.

［116］叶陈刚，王孜，武剑锋，等．外部治理、环境信息披露与股权融资成本［J］．南开管理评论，2015，18（5）：85-96.

［117］伊志宏，申丹琳，江轩宇．分析师乐观偏差对企业创新的影响研究［J］．管理学报，2018，15（3）：382-391.

［118］于良春，王美晨．行业垄断对收入差距影响的实证分析［J］．经济与管理研究，2014（7）：23-33.

［119］余明桂，钟慧洁，范蕊．分析师关注与企业创新——来自中国资本市场的经验证据［J］．经济管理，2017，39（3）：175-192.

［120］俞会新，关忠路，张森，等．政府创新补助对环保企业创新的影响研究——基于外部监督调节效应分析［J］．华东经济管理，2020，34（7）：1-8.

［121］翟淑萍，黄宏斌，毕晓方．资本市场业绩预期压力、投资者情绪与企业研发投资［J］．科学学研究，2017，35（6）：896-906.

［122］张成，陆旸，郭路，等．环境规制强度和生产技术进步［J］．经济研究，2011，46（2）：113-124.

［123］张根文，邱硕，张王飞．强化环境规制影响企业研发创新吗——基于新《环境保护法》实施的实证分析［J］．广东财经大学学报，2018，33（6）：80-88+101.

［124］张华，冯烽．非正式环境规制能否降低碳排放？——来自环境信息公开的准自然实验［J］．经济与管理研究，2020，41（8）：62-80.

［125］张慧雪，沈毅，郭怡群．政府补助与企业创新的"质"与"量"——基于创新环境视角［J］．中国科技论坛，2020（3）：44-53.

［126］张嫚．环境规制与企业行为间的关联机制研究［J］．财经问题研究，2005（4）：34-39.

［127］张淑惠，史玄玄，文雷．环境信息披露能提升企业价值吗？——来自中国沪市的经验证据［J］．经济社会体制比较，2011（6）：166-173.

［128］张文菲，金祥义．信息披露如何影响企业创新：事实与机制——基于深交所上市公司微观数据分析［J］．世界经济文汇，2018（6）：102-119.

［129］张玉兰，翟慧君，景思婷，等．R&D投入、融资约束与企业投资效率——基于中国制造业上市公司的经验数据［J］．会计之友，2019（16）：78-84.

［130］张长江，施宇宁，张龙平．绿色文化、环境绩效与企业环境绩效信息披露［J］．财经论丛，2019（6）：83-93.

［131］张兆国，常依，曹丹婷，等．高管任期、企业技术创新与环境绩效实证研究——以新环保法施行为事件窗口［J］．科技进步与对策，2020，37（12）：73-81.

［132］张哲，葛顺奇．环境信息披露具有创新提升效应吗？［J］．云南财经大学学报，2021，37（2）：69-82.

［133］赵璨，陈仕华，曹伟．"互联网+"信息披露：实质性陈述还是策略性炒作——基于股价崩盘风险的证据［J］．中国工业经济，2020（3）：174-192.

［134］赵晶，孟维烜．官员视察对企业创新的影响——基于组织合法性的实证分析［J］．中国工业经济，2016（9）：109-126.

［135］赵树宽，齐齐，张金峰．寻租视角下政府补助对企业创新的影响研究——基于中国上市公司数据［J］．华东经济管理，2017，31（12）：2+5-10.

［136］郑思齐，万广华，孙伟增，等．公众诉求与城市环境治理［J］．管理世界，2013（6）：72-84.

［137］植草益．微观规则经济学［M］．北京：中国发展出版社，1992.

［138］钟马，徐光华．社会责任信息披露、财务信息质量与投资效率——基于"强制披露时代"中国上市公司的证据［J］．管理评论，2017，29（2）：234-244.

［139］周兵，徐辉，任政亮．企业社会责任、自由现金流与企业价值——基

于中介效应的实证研究［J］．华东经济管理，2016，30（2）：129-135.

［140］周志方，陈佳纯，曾辉祥．产品市场竞争对企业水信息披露的影响研究——基于 2010—2016 年中国高水敏感性行业的经验证据［J］．商业经济与管理，2019（11）：70-86.

［141］朱红军，何贤杰，陶林．中国的证券分析师能够提高资本市场的效率吗——基于股价同步性和股价信息含量的经验证据［J］．金融研究，2007（2）：110-121.

［142］朱琳，陈钦源，伊志宏．信息发布者特征与企业创新［J］．中国经济问题，2021（1）：156-173.

［143］庄芹芹．中国制造业企业融资约束对研发投入的影响研究［J］．当代经济管理，2020，42（10）：47-53.

［144］邹萍．“言行一致”还是“投桃报李”？——企业社会责任信息披露与实际税负［J］．经济管理，2018，40（3）：159-177.

［145］Abadie A，Drukker D，Herr J L，et al. Implementing Matching Estimators for Average Treatment Effects in Stata［J］．The Stata Journal，2004，4（3）：290-311.

［146］Aghion P，Bloom N，Blundell R，et al. Competition and Innovation：An Inverted-U Relationship［J］．Quarterly Journal of Economic，2005，120（2）：701-728.

［147］Aghion P，Howitt P. A Model of Growth Through Creative Destruction［J］．Econometrica，1992，60（2）：323-351.

［148］AL-Tuwaijri S A，Christensen T E，Hughes K E. The Relations among Environmental Disclosure，Environmental Performance，and Economic Performance：A Simultaneous Equations Approach［J］．Accounting，Organizations and Society，2004，29：447-471.

［149］Alon A，Vidovic M. Sustainability Performance and Assurance：Influence on Reputation［J］．Corporate Reputation Review，2015，18（4）：337-352.

［150］Ambec S，Barla P. A Theoretical Foundation of the Porter Hypothesis［J］．Economics Letters，2002，75（3）：355-360.

［151］Arrow K. Economic Welfare and the Allocation of Resources for Invention，NBER Chapters［A］// The Rate and Direction of Inventive Activity：Economic and

Social Factors [M] . Princeton: Princeton University Press, 1962: 609-626.

[152] Baregheh A, Rowley J, Sambrook S. Towards a Multidisciplinary Definition of Innovation [J] . Management Decision, 2009, 47 (8): 1323-1339.

[153] Barney J. Firm Resources and Sustained Competitive Advantage [J] . Journal of Management, 1991, 17 (1): 99-120.

[154] Basalamah A S, Jermias J. Social and Environmental Reporting and Auditing in Indonesia Maintaining Organizational Legitimacy? [J] . Gadjah Mada International Journal of Business, 2005, 7 (1): 109-127.

[155] Beck T, Levine R, Levkov A. Big Bad Banks? The Winners and Losers from Bank Deregulation in the United States [J] . Journal of Finance, 2010, 65 (5): 1637-1667.

[156] Belkaoui A. The Impact of the Disclosure of the Environmental Effects of Organizational Behavior on the Market [J] . Financial Management, 1976, 5 (4): 26-31.

[157] Benlemlih M, Bitar M. Corporate Social Responsibility and Investment Efficiency [J] . Journal of Business Ethics, 2016, 148 (3): 647-671.

[158] Bentley K A, Omer T C, Sharp N Y. Business Strategy, Financial Reporting Irregularities, and Audit Effort [J] . Contemporary Accounting Research, 2013, 30 (2): 780-817.

[159] Bernauer T, Engel S, Kammerer D, et al. Explaining Green Innovation: Ten Years after Porter's Win-Win Proposition: How to Study the Effects of Regulation on Corporate Environmental Innovation? [R] . Working Paper, Center for Comparative and International Studies, 2006: 1-16.

[160] Black D A, Smith J A. How Robust is the Evidence on the Effects of College Quality? Evidence from Matching [J] . Journal of Econometrics, 2004, 121 (1-2): 99-124.

[161] Botosan C A. Disclosure Level and the Cost of Equity Capital [J] . The Accounting Review, 1997, 72 (3): 323-349.

[162] Bowen H R. Social Responsibilities of the Businessman [M] . New York: Harpor & Row, 1953.

[163] Brennana M J, Subrahmanyam A. Investment Analysis and Price Formation

in Securities Markets [J] . Journal of Financial Economics, 1995, 38 (3): 361-381.

[164] Bushee B J. The Influence of Institutional Investors on Myopic R&D Investment Behavior [J] . The Accounting Review, 1998, 73 (3): 305-333.

[165] Carroll A B. A Three-Dimensional Conceptual Model of Corporate Performance [J] . The Academy of Management Review, 1979, 4 (4): 497-505.

[166] Chang Y, Du X, Zeng Q. Does Environmental Information Disclosure Mitigate Corporate Risk? Evidence from China [J] . Journal of Contemporary Accounting & Economics, 2021, 17 (1): 1-21.

[167] Cho C H, Guidry R P, Hageman A M, et al. Do Actions Speak Louder than Words? An Empirical Investigation of Corporate Environmental Reputation [J] . Accounting, Organizations and Society, 2012, 37 (1): 14-25.

[168] Clarkson P M, Fang X, Li Y, et al. The Relevance of Environmental Disclosures: Are Such Disclosures Incrementally Informative? [J] . Journal of Accounting and Public Policy, 2013, 32 (5): 410-431.

[169] Clarkson P M, Li Y, Richardson G D. The Market Valuation of Environmental Capital Expenditures by Pulp and Paper Companies [J] . American Accounting Association, 2004, 79 (2): 329-353.

[170] Clarkson P M, Li Y, Richardson G D, et al. Revisiting the Relation Between Environmental Performance and Environmental Disclosure: An Empirical Analysis [J] . Accounting, Organizations and Society, 2008, 33 (4-5): 303-327.

[171] Cook K A, Romi A M, Sanchez D, et al. The Influence of Corporate Social Responsibility on Investment Efficiency and Innovation [J] . Journal of Business Finance & Accounting, 2019, 46 (3-4): 494-537.

[172] Cormier D, Magnan M. Corporate Environmental Disclosure Strategies: Determinants, Costs and Benefits [J] . Journal of Accounting, Auditing & Finance, 1999, 14 (4): 429-451.

[173] Cormier D, Magnan M, Van Velthoven B. Environmental Disclosure Quality in Large German Companies: Economic Incentives, Public Pressures or Institutional Conditions? [J] . European Accounting Review, 2011, 14 (1): 3-39.

[174] Cowan S, Gadenne D. Australian Corporate Environmental Reporting: A Comparative Analysis of Disclosure Practices across Voluntary and Mandatory Disclosure

Systems [J]. Journal of Accounting & Organizational Change, 2005, 1 (2): 165-179.

[175] Dahlsrud A. How Corporate Social Responsibility is Defined: An Analysis of 37 Definitions [J]. Corporate Social Responsibility and Environmental Management, 2008, 15 (1): 1-13.

[176] Deegan C. Introduction: The Legitimising Effect of Social and Environmental Disclosures [J]. Accounting, Auditing & Accountability Journal, 2002, 15 (3): 282-311.

[177] Deegan C, Rankin M. Do Australian Companies Report Environmental News Objectively? An Analysis of Environmental Disclosures by Firms Prosecuted Successfully by the Environmental Protection Authority [J]. Accounting, Auditing & Accountability Journal, 1996, 9 (2): 50-67.

[178] Deegan C, Rankin M, Voght P. Firms' Disclosure Reactions to Major Social Incidents: Australian Evidence [J]. Accounting Forum, 2000, 24 (1): 101-130.

[179] Deegan C M. Legitimacy Theory: Despite Its Enduring Popularity and Contribution, Time is Right for a Necessary Makeover [J]. Accounting, Auditing & Accountability Journal, 2019, 32 (8): 2307-2329.

[180] Dewi R R. Building Reputation Through Environmental Disclosure [J]. Indonesian Management and Accounting Research, 2019, 18 (1): 1-16.

[181] Dhaliwal D S, Li O Z, Tsang A, et al. Voluntary Nonfinancial Disclosure and the Cost of Equity Capital: The Initiation of Corporate Social Responsibility Reporting [J]. The Accounting Review, 2011, 86 (1): 59-100.

[182] Díez-Martín F, Prado-Roman C, Blanco-González A. Beyond Legitimacy: Legitimacy Types and Organizational Success [J]. Management Decision, 2013, 51 (10): 1954-1969.

[183] Dögl C, Holtbrügge D. Corporate Environmental Responsibility, Employer Reputation and Employee Commitment: An Empirical Study in Developed and Emerging Economies [J]. The International Journal of Human Resource Management, 2013, 25 (12): 1739-1762.

[184] Dowling J, Pfeffer J. Organizational Legitimacy: Social Values and Organi-

zational Behavior [J]. The Pacific Sociological Review, 1975, 18 (1): 122-136.

[185] Du X. How the Market Values Greenwashing? Evidence from China [J]. Journal of Business Ethics, 2015, 128 (3): 547-574.

[186] Verrecchia R E. Discretionary Disclosure [J]. Journal of Accounting and Economics, 1983, 5 (1): 179-194.

[187] Fan L, Yang K, Liu L. New Media Environment, Environmental Information Disclosure and Firm Valuation: Evidence from High-polluting Enterprises in China [J]. Journal of Cleaner Production, 2020: 1-8.

[188] Fauziah D A, Sukoharsono E G, Saraswati E. Corporate Social Responsibility Disclosure Towards Firm Value [J]. International Journal of Research in Business and Social Science, 2020, 9 (7): 75-83.

[189] Ferauge P. A Conceptual Framework of Corporate Social Responsibility and Innovation [J]. Global Journal of Business Research, 2012, 6 (5): 85-96.

[190] Firmansyah A, Triastie G A. The Role of Corporate Governance in Emerging Market: Tax Avoidance, Corporate Social Responsibility Disclosures, Risk Disclosures, and Investment Efficiency [J]. Journal of Governance and Regulation, 2020, 9 (3): 8-26.

[191] Freeman R E, Harrison J S, Wicks A C. Managing for Stakeholders [M]. New Haven, CT: Yale University Press, 2007.

[192] Galinato G I, Yoder J K. An Integrated Tax-subsidy Policy for Carbon Emission Reduction [J]. Resource and Energy Economics, 2010, 32 (3): 310-326.

[193] Gallego-Álvarez I, Prado-Lorenzo J M, Garcia-Sánchez I M. Corporate Social Responsibility and Innovation: A Resource-based Theory [J]. Management Decision, 2011, 49 (10): 1709-1727.

[194] Goss A, Roberts G S. The Impact of Corporate Social Responsibility on the Cost of Bank Loans [J]. Journal of Banking & Finance, 2011, 35 (7): 1794-1810.

[195] Graham J R, Harvey C R, Rajgopal S. The Economic Implications of Corporate Financial Reporting [J]. Journal of Accounting and Economics, 2005, 40 (1-3): 3-73.

[196] Griliches Z. Patent Statistics as Economic Indicators: A Survey [J]. Journal of Economic Literature, 1990, 28 (4): 1661-1707.

［197］ Hambrick D C, Mason P A. Upper Echelons: The Organization as a Reflection of Its Top Managers ［J］. The Academy of Management Review, 1984, 9 (2): 193-206.

［198］ Hamilton J T. Pollution as News: Media and Stock Market Reactions to the Toxics Release Inventory Data ［J］. Journal of Environmental Economics and Management, 1995, 28 (1): 98-113.

［199］ Hammami A, Zadeh M H. Audit Quality, Media Coverage, Environmental, Social, and Governance Disclosure and Firm Investment Efficiency ［J］. International Journal of Accounting & Information Management, 2019, 28 (1): 45-72.

［200］ Hart S. A Natural Resource-based View of the Firm ［J］. Academy Management Review, 1995, 20 (4): 986-1014.

［201］ Hasseldine J, Salama A I, Toms J S. Quantity Versus Quality: The Impact of Environmental Disclosures on the Reputations of UK Plcs ［J］. The British Accounting Review, 2005, 37 (2): 231-248.

［202］ He J, Tian X. The Dark Side of Analyst Coverage: The Case of Innovation ［J］. Journal of Financial Economics, 2013, 109 (3): 856-878.

［203］ He L J, Chen C J, Chiang H T. Top Manager Background Characteristics, Family Control and Corporate Social Responsibility (CSR) Performance ［J］. Journal of Applied Finance & Banking, 2015, 5 (1): 71-86.

［204］ Hong H, Lim T, Stein J C. Bad News Travels Slowly Size, Analyst Coverage, and the Profitability of Momentum Strategies ［J］. The Journal of Finance, 2000, 55 (1): 265-295.

［205］ Hong Y, Huseynov F, Zhang W. Earnings Management and Analyst Following: A Simultaneous Equations Analysis ［J］. Financial Management, 2014, 43 (2): 355-390.

［206］ Hu W, Du J, Zhang W. Corporate Social Responsibility Information Disclosure and Innovation Sustainability: Evidence from China ［J］. Sustainability, 2020, 12 (1): 1-19.

［207］ Huang C, Kung F. Drivers of Environmental Disclosure and Stakeholder Expectation: Evidence from Taiwan ［J］. Journal of Business Ethics, 2010, 96 (10): 435-451.

［208］Hussainey K, Salama A. The Importance of Corporate Environmental Reputation to Investors［J］. Journal of Applied Accounting Research, 2010, 11（3）: 229-241.

［209］Hutton A P, Marcus A J, Tehranian H. Opaque Financial Reports, R2, and Crash Risk［J］. Journal of Financial Economics, 2009, 94（1）: 67-86.

［210］Inoue E. Environmental Disclosure and Innovation Activity: Evidence from EU Corporations［Z］. Discussion Papers, 2016.

［211］Jackson S E, Renwick D W S, Jabbour C J C, et al. State-of-the-Art and Future Directions for Green Human Resource Management: Introduction to the Special Issue［J］. Zeitschrift für Personal for schung, 2011, 25（2）: 99-116.

［212］Jaffe A. Environmental Regulation and the Competitiveness of U. S. Manufacturing: What Does the Evidence Tell Us?［J］. Journal of Economic Literature, 1995, 33（1）: 132-163.

［213］Janney J J, Folta T B. Moderating Effects of Investor Experience on the Signaling Value of Private Equity Placements［J］. Journal of Business Venturing, 2006, 21（1）: 27-44.

［214］Jensen M C, Meckling W H. Theory of the Firm: Managerial Behavior, Agency Costs and Ownership Structure［J］. Journal of Financial Economics, 1976, 3（4）: 305-360.

［215］Ji Z, Yu X, Yang J. Environmental Information Disclosure in Capital Raising［J］. Australian Economic Papers, 2020, 59（3）: 183-214.

［216］Lucas R E Jr. On the Mechanics of Economic Development［J］. Journal of Monetary Economics, 1988, 22（1）: 3-42.

［217］Kasim M T. Evaluating the Effectiveness of an Environmental Disclosure Policy: An Application to New South Wales［J］. Resource and Energy Economics, 2017（49）: 113-131.

［218］Khan H U R, Ali M, Olya H G T, et al. Transformational Leadership, Corporate Social Responsibility, Organizational Innovation, and Organizational Performance: Symmetrical and Asymmetrical Analytical Approaches［J］. Corporate Social Responsibility and Environmental Management, 2018, 25（6）: 1270-1283.

［219］Kim H R, Lee M, Lee H T, et al. Corporate Social Responsibility and

Employee Company Identification [J]. Journal of Business Ethics, 2010, 95 (4): 557-569.

[220] Kuo L, Yeh C, Yu H. Disclosure of Corporate Social Responsibility and Environmental Management: Evidence from China [J]. Corporate Social Responsibility and Environmental Management, 2012, 19 (5): 273-287.

[221] Lakonishok J, Shleifer A, Vishny R W. Contrarian Investment, Extrapolation, and Risk [J]. Journal of Finance, 1994, 49 (5): 1541-1578.

[222] Laplante B, Lanoie P. The Market Response to Environmental Incidents in Canada: A Theoretical and Empirical Analysis [J]. Southern Economic Journal, 1994, 60 (3): 657-672.

[223] Lev B. Information Disclosure Strategy [J]. California Management Review, 1992, 34 (4): 9-32.

[224] Lu Y, Abeysekera I. What Do Stakeholders Care about? Investigating Corporate Social and Environmental Disclosure in China [J]. Journal of Business Ethics, 2015, 144 (1): 169-184.

[225] Lueg K, Krastev B, Lueg R. Bidirectional Effects Between Organizational Sustainability Disclosure and Risk [J]. Journal of Cleaner Production, 2019, 229: 268-277.

[226] Luo J. How Does Smog Affect Firms' Investment Behavior? A Natural Experiment Based on a Sudden Surge in the PM2. 5 Index [J]. China Journal of Accounting Research, 2017, 10 (4): 359-378.

[227] Luo W, Guo X, Zhong S, et al. Environmental Information Disclosure Quality, Media Attention and Debt Financing Costs: Evidence from Chinese Heavy Polluting Listed Companies [J]. Journal of Cleaner Production, 2019, 231: 268-277.

[228] Luo X, Du S. Exploring the Relationship between Corporate Social Responsibility and Firm Innovation [J]. Mark Lett, 2015 (26): 703-714.

[229] Lyon T P, Maxwell J W. Greenwash Corporate Environmental Disclosure under Threat of Audit [J]. Journal of Economics & Management Strategy, 2011, 20 (1): 3-41.

[230] Patten D M. The Relation Between Environmental Performance and Environmental Disclosure: A Research Note [J]. Accounting, Organizations and Society,

2002, 27 (8): 763-773.

[231] Marshall S, Brown D, Plumlee M. The Impact of Voluntary Environmental Disclosure Quality on Firm Value [J]. Academy of Management Proceedings, 2009 (1): 1-6.

[232] Martin P R, Moser D V. Managers' Green Investment Disclosures and Investors' Reaction [J]. Journal of Accounting and Economics, 2016, 61 (1): 239-254.

[233] Marvel M R, Lumpkin G T. Technology Entrepreneurs' Human Capital and Its Effects on Innovation Radicalness [J]. Entrepreneurship Theory and Practice, 2007, 31 (6): 807-828.

[234] Milne M J, Patten D M. Securing Organizational Legitimacy [J]. Accounting, Auditing & Accountability Journal, 2002, 15 (3): 372-405.

[235] Mobus J L. Mandatory Environmental Disclosures in a Legitimacy Theory Context [J]. Accounting, Auditing & Accountability Journal, 2005, 18 (4): 492-517.

[236] Moon J, Shen X. CSR in China Research: Salience, Focus and Nature [J]. Journal of Business Ethics, 2010, 94 (4): 613-629.

[237] Myers S C, Majluf N S. Corporate Financing Decisions When Firms Have Information Investors Do Not Have [Z]. NBER Working Papers, 1984.

[238] Narayanan M P. Managerial Incentives for Short-term Results [J]. The Journal of Finance, 1985, 40 (5): 1469-1484.

[239] Palmer K, Oates W E, Portney P R. Tightening Environmental Standards: The Benefit-Cost or the No-Cost Paradigm [J]. Journal of Economic Perspectives, 1995, 9 (4): 119-132.

[240] Plumlee M, Brown D, Hayes R M, et al. Voluntary Environmental Disclosure Quality and Firm Value: Further Evidence [J]. Journal of Accounting and Public Policy, 2015, 34 (4): 336-361.

[241] Porter M E. America's Green Strategy [J]. Scientific American, 1991, 264 (4): 193-246.

[242] Porter M E, Kramer M R. Strategy and Society: The Link Between Competitive Advantage and Corporate Social Responsibility [J]. Harvard Business Review,

2006, 84 (12): 78-92, 163.

[243] Porter M E, Linde C V D. Toward a New Conception of the Environment Competitiveness Relationship [J] . Journal of Economic Perspectives, 1995, 9 (4): 97-118.

[244] Preuss L. Innovative CSR: A Framework for Anchoring Corporate Social Responsibility in the Innovation Literature [J] . The Journal of Corporate Citizenship, 2011 (42): 17-33.

[245] Ramanathan K V. Toward a Theory of Corporate Social Accounting [J] . The Accounting Review, 1976, 51 (3): 516-528.

[246] Richardson A J, Welker M. Social Disclosure, Financial Disclosure and the Cost of Equity Capital [J] . Accounting, Organizations and Society, 2001, 26 (7-8): 597-616.

[247] Richardson A J, Welker M, Hutchinson I R. Managing Capital Market Reactions to Corporate Social Responsibility [J] . International Journal of Management Reviews, 1999, 1 (1): 17-43.

[248] Romer P M. Endogenous Technological Change [J] . Journal of Political Economy, 1990, 98 (5): 71-102.

[249] Romer P. Increasing Returns and Long-Run Growth [J] . Journal of Political Economy, 1986, 94 (5): 1002-1037.

[250] Rosenbaum P R, Rubin D B. The Central Role of the Propensity Score in Observational Studies for Causal Effects [J] . Biometrika, 1983, 70 (1): 41-55.

[251] Said R, Zainuddin Y H J, Haron H. The Relationship Between Corporate Social Responsibility Disclosure and Corporate Governance Characteristics in Malaysian Public Listed Companies [J] . Social Responsibility Journal, 2009, 5 (2): 212-226.

[252] Solow R M. A Contribution to the Theory of Economic Growth [J] . The Quarterly Journal of Economics, 1956, 70 (1): 65-94.

[253] Samet M, Jarboui A. How Does Corporate Social Responsibility Contribute to Investment Efficiency? [J] . Journal of Multinational Financial Management, 2017 (40): 33-46.

[254] Schultz T W. Investment in Human Capital [J] . American Economic Association, 1961, 51 (1): 1-17.

［255］Schumpeter J A. The Theory of Economic Development: An Inquiry into Profits, Capital, Credit, Interest, and the Business Cycle ［M］. Cambridge, MA and London: Harvard University Press, 1912.

［256］Schumpeter J A. Capitalism, Socialism and Democracy ［J］. American Economic Review, 1942, 3 (4): 594-602.

［257］Setyorini C T, Ishak Z. Corporate Social and Environmental Disclosure: A Positive Accounting Theory ［J］. International Journal of Business and Social Science, 2012, 3 (9): 152-164.

［258］Shen X, Ho K C, Yang L, et al. Corporate Social Responsibility, Market Reaction and Accounting Conservatism ［J］. Kybernetes, 2021, 50 (6): 1837-1872.

［259］McWilliams A, Siegel D. Corporate Social Responsibility: A Theory of the Firm Perspective ［J］. The Academy of Management Review, 2001, 26 (1): 117-127.

［260］Simpson R D, Bradford R L. Taxing Variable Cost: Environmental Regulation as Industrial Policy ［J］. Journal of Environmental Economics and Management, 1996, 30 (3): 282-300.

［261］Skinner D J. Why Firms Voluntarily Disclose Bad News ［J］. Journal of Accounting Research, 1994, 32 (1): 38-60.

［262］Spence M. Job Market Signaling ［J］. The Quarterly Journal of Economics, 1973, 87 (3): 355-374.

［263］Toms J S. Firm Resources, Quality Signals and the Determinants of Corporate Environmental Reputation: Some UK Evidence ［J］. The British Accounting Review, 2002, 34 (3): 257-282.

［264］Tong T W, He W, He Z L, et al. Patent Regime Shift and Firm Innovation: Evidence from the Second Amendment ［J］. Academy of Management Annual Meeting Proceedings, 2014 (1): 14-74.

［265］Turban D B, Greening D W. Corporate Social Performance and Organizational Attractiveness to Prospective Employees ［J］. The Academy of Management Journal, 1997, 40 (3): 658-672.

［266］Ullmann A A. The Corporate Environmental Accounting System: A Management Tool for Fighting Environmental Degradation ［J］. Accounting, Organizations and Society, 1976, 1 (1): 71-79.

[267] Unerman J, Chapman C. Academic Contributions to Enhancing Accounting for Sustainable Development [J]. Accounting, Organizations and Society, 2014, 39 (6): 385-394.

[268] Villiers C D, Vorster Q. More Corporate Environmental Reporting in South Africa? [J]. Meditari Accountancy Research, 1995, 3 (1): 44-66.

[269] Wagenhofer A. Voluntary Disclosure with a Strategic Opponent [J]. Journal of Accounting and Economics, 1990, 12 (4): 341-363.

[270] Wernerfelt B. The Resource-based Theory of the Firm [J]. Strategic Management Journal, 1984, 5 (2): 171-180.

[271] Wiseman J. An Evaluation of Environmental Disclosure Made in Corporate Annual Reports [J]. Accounting, Organizations and Society, 1982, 7 (1): 53-63.

[272] Xiang X, Liu C, Yang M, et al. Confession or Justification: The Effects of Environmental Disclosure on Corporate Green Innovation in China [J]. Corporate Social Responsibility and Environmental Management, 2020, 27 (26): 2735-2750.

[273] Xuan Z, Lieke Z, Yuwei S. Environmental Information Disclosure of Listed Company Study on the Cost of Debt Capital Empirical Data: Based on Thermal Power Industry [J]. Canadian Social Science, 2013, 10 (6): 88-94.

[274] Yao S, Liang H. Analyst Following, Environmental Disclosure and Cost of Equity: Research Based on Industry Classification [J]. Sustainability, 2019, 11 (2): 1-19.

[275] Yin J, Wang S. The Effects of Corporate Environmental Disclosure on Environmental Innovation from Stakeholder Perspectives [J]. Applied Economics, 2017, 50 (8): 905-919.

[276] Lerman R I, Yitzhaki S. Income Inequality Effects by Income Source: A New Approach and Applications to the United States [J]. The Review of Economics and Statistics, 1985, 67 (1): 151-156.